当代中国科普精品书系
山石水土文化丛书

中国科普作家协会 总策划
中国科学院院士刘嘉麒 总主编
倪集众 丛书主编

石不能言最可人

实实在在的石文化

倪集众◎编著

科学普及出版社
·北 京·

图书在版编目（CIP）数据

石不能言最可人：实实在在的石文化 / 倪集众编著 .
—北京：科学普及出版社，2019.9
（当代中国科普精品书系 . 山石水土文化丛书）
ISBN 978-7-110-09617-8

Ⅰ. ①石… Ⅱ. ①倪… Ⅲ. ①石 — 文化 — 中国 —
通俗读物 Ⅳ. ① TS933-49

中国版本图书馆 CIP 数据核字 (2017) 第 172884 号

策划编辑 许 慧
责任编辑 杨 丽
责任校对 蒋宵宵
责任印制 李晓霖
版式设计 中文天地

出 版 科学普及出版社
发 行 中国科学技术出版社有限公司发行部
地 址 北京市海淀区中关村南大街 16 号
邮 编 100081
发行电话 010-62173865
传 真 010-62173081
投稿电话 010-62176522
网 址 http://www.cspbooks.com.cn

开 本 720mm × 1000mm 1/16
字 数 248 千字
印 张 15.75
版 次 2019 年 9 月第 1 版
印 次 2019 年 9 月第 1 次印刷
印 刷 北京瑞禾彩色印刷有限公司
书 号 ISBN 978-7-110-09617-8 / TS · 134
定 价 78.00 元

（凡购买本社图书，如有缺页、倒页、脱页者，本社发行部负责调换）

《当代中国科普精品书系》总编委会成员

（以姓氏拼音为序）

顾　　问：王麦林　章道义　张景中　庄逢甘

主　　任：刘嘉麒

副 主 任：郭曰方　居云峰　王　可　王直华

编　　委：白　鹤　陈芳烈　陈有元　方　路　顾希峰　郭　晶
郭曰方　何永年　焦国力　金　涛　居云峰　李桐海
李新社　李宗浩　刘嘉麒　刘泽林　刘增胜　倪集众
牛灵江　彭友东　任福君　孙云晓　田如森　汪援越
王　可　王文静　王直华　吴智仁　阎　安　颜　实
殷　皓　尹传红　于国华　余俊雄　袁清林　张柏涛
张增一　郑培明　朱雪芬

序

刘嘉麒

普及教育，普及科学，提高全民的科学素质，是富民强国的百年大计，千年大计。为深入贯彻科学发展观和科学技术普及法，提高全民科学素质，中国科普作家协会决心以繁荣科普创作为己任，发扬茅以升、高士其、董纯才、温济泽、叶至善、张景中等老一辈科普大师的优良传统和创作精神，团结全国科普作家和科普工作者，调动各方面积极性，充分发挥人才与智力资源优势，推荐或聘请一批专业造诣深、写作水平高、热心科普事业的科学家、作家亲自动笔，并采取科学家与作家相结合的途径，努力为全民创作出更多、更好、水平高、无污染的精神食粮。

在中国科协领导的指导和支持下，众多作家和科学家经过三年多的精心策划，编创了《当代中国科普精品书系》。这套丛书坚持原创，推陈出新，力求反映当代科学发展的最新气息，传播科学知识，倡导科学道德，提高科学素养，弘扬科学精神，具有明显的时代感和人文色彩。该书系由15套丛书构成，每套丛书含4～10部图书，共约100余部，达2000万字。内容涵盖自然科学和人文科学的方方面面，既包括太空探秘、现代兵器等有关航天、航空、军事方面的高新科技知识，和由航天技术催生出的太空农业、微生物工程发展的白色农业、海洋牧场培育的蓝色农业等描绘农业科技革命和未来农业的蓝图；也有描述山、川、土、石，沙漠、湖泊、湿地、森林和濒危动物的系列读本，让人们从中领略奇妙的大自然和浓郁的山石水土文化，感受山崩地裂、洪水干旱等自然灾害的残酷，增强应对自然灾害的能力，提高对生态文明的认识；还可以读古诗学科学，从诗情画意中体会丰富的科学内涵和博大精深的中华文化，读起来趣味横生；科普童话绘本馆会同孩子们脑中千奇百怪的问号形成一套图文并茂的丛书，为天真聪明的少年一代提供了丰富多彩的科学知识，激励孩子们异想天开的科学幻想，是启蒙科学的生动画卷；创新版的十万个为什么，以崭新的内容和版面揭示出当今科学界涌现的新事物、新问题，给人们以科学的启迪；当你《走进女科学家的世界》，就会发现，这套丛书以浓郁的笔墨热情讴歌了十位女杰在不同的科学园地里辛勤耕耘，开创新天地的感人事迹，为一代知识女性树立了光辉榜样。

科学是奥妙的，科学是美好的，万物皆有道，科学最重要。一个人对社会的贡献大小，很大程度取决于对科学技术掌握运用的程度；一个国家，一个民族的先进与落后，很大程度取决于科学技术的发展程度。科学技术是第一生产力这是颠扑不灭的真理。哪里的科学技术被人们掌握得越广泛越深入，那里的经济、社会就会发展得快，文明程度就高。普及和提高，学习与创新，是相辅相成的，没有广袤肥沃的土壤，没有优良的品种，哪有禾苗茁壮成长？哪能培育出参天大树？科学普及是建设创新型国家的基础，是培育创新型人才的摇篮，待到全民科学普及时，我们就不用再怕别人欺负，不用再愁没有诺贝尔奖获得者。相信《当代中国科普精品书系》像一片沃土，为滋养勤劳智慧的中华民族，培育聪明奋进的青年一代，提供丰富的营养。

前言

一

看到“前言”的题目似乎与读者拿在手上的《山石水土文化丛书》中的任何一册的内容都不搭界。且待我慢慢说来。

什么是“地球科学文化”？

先说地球科学。它是探讨地球的形成、发展和演化规律，及其与宇宙中其他天体关系的科学。它的研究范围上涉宇宙空间，下及地球表面以至地球核部的所有物理的、化学的和生物的运动、性状和过程。在三四百年的发展历史中，地球科学经历了初期的进化论阶段、中期的板块构造论阶段和近期的地球系统科学阶段；这个崭新的地球系统科学的阶段无论从科学发展还是人类社会发展的角度，都要求人们将地球作为宇宙巨系统中的一个子系统来研究，要求从可持续发展的角度对待自然界。它与前面两个阶段最大的区别，就在于要竭力打造新型的地球科学文化观。

“文化”广义而言就是人类社会所创造的物质财富、生活方式和精神理念的总和；生活方式是指人与自然界之间的相互作用过程，精神和理念则包括人的世界观、人生观，以及处理人与人之间、人与社会群体之间、人与自然界之间关系的方式和准则；从狭义来说，文化是人类的意识形态对自然界和社会制度、组织机构、生活态度的反馈，是人的智慧、思想、意识、知识、科学、艺术和观念的结晶。一言以蔽之，“文化”就是以文学、艺术、科学和教育的“文”来“化”人。

由此看来，地球科学知识本身也是一种文化。但是，纯粹的地球科学知识的“结晶体”中如果缺少了文化元素，也就失去了“灵魂”和精神、理念的支柱，危机便由此而生。新的地球科学文化观要求我们建立新的地球观、宇宙观、人生观以及资源不可再生意识、环境保护意识、水资源意识、土地意识、海洋意识、地质灾害意识、地质遗迹保护意识和保存地质标本及图书珍品的意识，因为这些理念和意识的建立与深化直接影响到人生观和世界观。其基本目标是人与自然的协调和人类社会的科学发展之路。

世纪之交所孕育的地球系统科学，使地球科学成为二十一世纪与人类社会发展关系最密切、最重要、最伟大和最具发展空间的一门科学。

自从人类登上地球“主宰者”的宝座以来，思想上形成了一套定式思维：我是地球的主人；征服自然是人类的使命。可是，当历史的时针走到二十世纪后叶的时候，这种思维遇到了不可逾越的障碍——文化；不是说文化阻挡了人类征服地球的企图，而是人类自己的行为造成的种种危机向人类提出了警告：水危机、土地危机、粮食危机、资源危机已经危及人类的生存，这种危机实质上就是文化的危机，是机械的世界观和方法论出了毛病，是定式思维引发人与自然、人与社会、人与人之间矛盾的总爆发。

二十世纪七八十年代，地球科学家首先看到了这一点，社会上有识之士也看到了这一点。

于是，地球系统科学将研究的对象系而统之地扫入了自己的研究领域，产生了意识、思想和理念等文化元素的地球科学文化，将自然科学与人文科学、社会科学联姻，引导地球上所有的“球民”自觉地、文化地对待地球。这种文化是人类认识、理解、开发和利用地球的指导方针，是调整人与自然关系的准则，是人类在社会实践过程中积累的精神成果和物质成果。

这就是地球科学文化产生的社会、历史和文化背景。

二

笔者在数十年的科研、科技管理和科普工作中，深切地感到我们工作的“软肋”不仅在于数量不足和普及面窄，也不完全在于科普投入量少和手段的落后，而是在于质量和内容上明显的“扬自然科学，抑人文科学”“重知识传播，轻科学精神和科学方法宣传”的倾向。深感应将科普工作的目标定位在自然科学与人文科学的结合面上，促进人生观、世界观和理念的更新；应同时注重机制创新、内容创新和形式创新并举，明确没有文化意义上的素质是空洞的、不能实践的，因而也是虚假的“素质”。

作为地球科学工作者，义不容辞的职责是在深化科学研究的同时，普及科学知识，宣传科学方法，树立科学理念，弘扬科学精神，走出一条地球科学文化的创新之路。这也就是我们决心撰写一套融地球科学知识于文化之中的科普丛书的初衷。早在二十世纪末，笔者就开始构思这样一套书。虽因种种原因而时常“搁浅”，但编辑一套《地球科学文化丛书》的想法始终“耿耿于怀”：总希望山文化、石文化、水文化和土文化有那么一天化成文字，走进千家万户。2008年年初，这一夙愿终于见到了“曙光”：这一设想被列入了中国科普作家协会《当代中国科普精品书系》计划之中。真是“十年磨一剑”！在他们热情的支持和指导下，编辑出版工作顺利开展。

现在诸位看到的这套讲述山文化、石文化、水文化、土文化和赏石文化的丛书，仅仅是向读者介绍地球科学文化的一个侧面，远远不是地球科学文化的全部，我们只是想通过自然界最常见、最习以为常的山、石、水、土中的文化元素，来显现地球科学文化的“冰山一角”。

最后还有两点希望：一是我们这个写作团队的成员都是自然科学“出身”，撰写过程中深感从自然科学知识分析其文化内涵颇有难度，常常是心有余而力不足；但这毕竟是我们自己知识层面上一次“转型”的尝试，希望能听到读者和文化界行家的批评指正。二是祈望这一套书能为地球科学文化起到抛砖引玉的作用：企盼有更多的人走进自然，亲近自然，热爱自然，保护自然；我们的科普讲坛上涌现出气文化、茶文化、花文化、树文化、竹文化，以至森林文化、公园文化、旅游文化、生态文化……的丛书。

总之，如若这套书能得到读者的欢迎和厚爱，则心满；如若再能看到一个百花盛开的地球科学文化的书市，则意足矣。

愿地球科学文化走进千家万户。

谨此

草于 2009 年 11 月 28 日

2017 年 6 月 8 日修改

编著者的话

中国五千多年的历史创造了光辉灿烂的文化，但是，封建文化对国人思想的禁锢，使本来可能执世界科学技术之牛耳的中国，被历史的潮流远远地抛在了后头；而落后就不免要挨打，受尽欺凌，随之遁入愈来愈落后的恶性循环的深渊。文化在一个国家和民族的发展进程中就起着这种“魂”的作用！远的不说，十九至二十世纪中国的历史中任何一次重大的转折无不与文化有着密切的联系，或者说都是以文化为先导的：鸦片战争、洋务运动、辛亥革命、五四运动，以至抗日战争、解放战争和“文化大革命”，哪一次不渗透着不同文化的对抗？哪一次不是不同理念间的冲突和碰撞？哪一次不是思想意识对历史发展的“制导”作用？

在人文历史的历程中如此，在自然科学发展过程中也不例外。在地球科学三百多年的发展过程中，经历了“水火之争”“动固之争”和“渐变、激变与灾变之争”，才建立起牢固的地球科学的哲学基础。二十世纪七八十年代，在这一地学哲学基础上兴起的以提倡先进文化为主导的、以科学发展观为中心的地球科学文化正是文化主宰历史的一次实践。

在石文化事业和石产业发展过程中，最突出的一个例子，是在全球经济大动荡中，似乎一切都变了样：对和田玉、翡翠和观赏石生发出与房地产那样的一种浮躁的情绪，“石头”似乎一夜之间便身价百倍了。于是，投资者、收藏者蜂拥而至，价格便一路飙升；一种无端的狂热和浮躁暴露无遗。都说是“疯狂的石头”，石头真的疯了吗？回答是：冤枉了石头，石头没疯，是发财的欲望使人疯了，是缺乏科学知识和文化让人“趋众”而人云亦云。“皇帝的新衣”是我们耳熟能详的故事，却又恰恰在石文化领域中重演。

文化无所不在：社会要有文化，企业要有文化，村镇要有文化，人人都要有文化。文化是使人修身养性的，文化是祛除浮躁和慵懒的清醒剂。文化是个好东西，但是，文化脱离了科学的认识论就无谈传承和发扬光大，违背了科学的“文化”就失去了其本身的意义，就成了“皇帝的新衣”，其严重的后果是蛊惑民众。

这样说是否有点偏颇？让我们看一看日本东北部“3・11”大地震之后，国内出现的碘盐抢购事件吧！碘盐能治碘缺乏症所引起的某些疾病是众所周知的。但是，没有证据表明它能预防或治疗放射性辐射的疾病。其背后的炒作及其所引起的后果，恰恰说明了始作俑者的“文化缺失症”，也反映了民众科普知识的匮缺可能会引发的社会性问题。

退休之后，笔者萌发了将地球科学文化具体化、通俗化的念头。在历经十余年的探索、研究和收集资料的过程中，萌发了编撰一套地球科学文化丛书的念头，领悟到山文化、石文化、水文化和土文化的内涵最为丰富，与人们的生活、生产、生存关系最为密切。其中石文化的亲和力最为强烈，由它衍生的赏石文化、玉文化、宝石文化、园林文化、砚石文化、雕刻文化、健身文化、建筑文化、碑碣文化、民族文化、民俗文化和宗教文化等，既与人们的生产和生活密切有关，又紧密联系着各种形态文化，而且最容易为大众所接受。愿山文化、石文化、水文化、土文化走向中小学，走向军营，走向社区，走向农村，走进千家万户。

从构思到寻觅志同道合的编撰者，从初拟提纲到逐一将书稿交与出版单位，各位同仁不知付出了多少辛劳，感谢诸位的通力合作，也感谢所有为本书引用资料和提供资料的作者，感谢出版单位的支持和帮助。你们的劳动将催开地球科学文化百花园的灿烂之光，相信会有更多的科学文化丛书丰富我们的知识和文化生活，丰富我们的精神世界。

科学与文化必将携手前进，必将成为提高全民科学文化素质的引路人。

倪集众　谨启

2017 年 6 月

目录

石不能言最可人

实实在在的石文化

但凡喜欢玩石头的人——石界的朋友们，都知道陆游写的一首《闲居自述》，诗中有一名句："石不能言最可人。"

陆放翁在《闲居自述》诗中写道：

自许山翁懒是真，纷纷外物岂关身。
花如解笑还多事，石不能言最可人。
净扫明窗凭素几，闲穿密竹岸乌巾。
残年自有青天管，便是无锥也未贫。

不难看出，这是诗人在退休之后赋闲在家时总结出的赏石体会，更是从中回味人生的甜酸苦辣，从"花如解笑还多事"中体味出人世间的"人言可畏"，进而导出"石不能言最可人"的深切感受；也从侧面写出了自己赏石的乐趣和石文化的魅力。

笔者以为，拿这句话作为石文化科普读物的名字最好不过了！因为石头虽然不会"说话"，却是最为实实在在的，它将自己的"经历"毫不保留地记录下来，告诉后人：我们生活的地球炼历过多少磨难；人们又把自己的生活、思想、欢乐和苦难写在石头上，给后世提供了经验和教训。

是啊！石头没有"嘴"却会告诉世人它是从哪里来的，石头不"识字"，却满腹经纶，文化高深，它能记载自己的经历和自然界几乎所有的变化；地球上似乎没有什么东西能比得上石头所蕴含的知识之渊博，所积累的经验之丰富，所拥有的气量之博大。

让我们充分认识一下这实实在在的石文化吧！

石头
——地球的史诗

漫山遍野的石头，你从哪里来？你什么时候来到这个世界？石头沉默无言。

地球科学家和岩石学家已经破译了石头的一些“密码”。下面从矿物学和岩石学中摘录一些前人破译“密码”所得到的知识，让我们一起来揭开石头的秘密。

我们平常所说的“石头”，从专业角度讲应该包括“矿物”与“岩石”。所以，这里所说的“石文化”就包括所有天然形成的矿物和岩石所涉及的文化内涵。不过，既然涉及文化，我们就把人造的石头（包括人造的矿物和岩石）以及经过人工雕琢的工艺岩石和岩石的工艺品统统囊括到石文化的内容之中。

矿物是由地质作用形成的天然的单质或化合物。它们有相对确定的化学组成，绝大多数是具有固定内部结构的晶体；矿物天然的有规律组合即为岩石。由人工方法所获得的某些与天然矿物相同或类同的单质（或化合物）则称为人工合成矿物。

岩石是指天然产出的具有一定结构、构造特征的矿物集合体。

石头是地壳最基本的组成物质，是地球上物质自然循环的见证。在地球形成迄今的四十五六亿年间，由于无数次大大小小的地壳构造运动、岩浆活动和变质作用，以及地表各种风化作用的长期合作，使深埋于地下的岩石出露于地表，形成了“山”；山上的沉积岩、岩浆岩和变质岩经过风化、堆积形成了“土”；土被水冲刷、搬运，在低洼的海盆里堆积，久而久之形成了新的石头——沉积岩；由于板块运动，一部分沉积岩被带入板块之下的地幔，成为形成新岩浆的“原料”。

这个过程可以统称为地质作用，其中包括多种不同类型的地质作用。

石头为人类的生存创造了适宜的生活环境，为人类的可持续发展提供了物质基础和精神食粮。在这套描述山、石、水、土文化的丛书中，我们可以看到它们之间是紧密联系的：山是由石头组成的，土是由石头变成的；无论哪一种石头的形成都脱离不了与水的关系，而水从石头缝中流出，在大山中流淌，不停地冲刷着石头和土；自然界就是这样紧密联系、互相配合，才塑造了地球上多种多样的自然景观。

矿物：岩石的“细胞”

矿物最大的特点是结构的对称性，对称性就是矿物中的粒子按一定的规律规则地排列。中国古代就发现这些具对称性的物质，譬如树叶、雪花、食盐晶体，对称性带给人强烈的美感。现代科学已证明自然界凡具对称性的物质和物体都是很美的。不仅如此，由于组成矿物的元素的不同价态离子显示不同的颜色，使矿物呈现多种多样的颜色，在结构美的基础上又增添了色彩之美。因此，优美的晶形、艳丽的色彩和相对较高的硬度（质地），就成了矿物惹人喜爱的基本“素质”。

关于矿物是怎样生成的，我们将在《真与美的结晶：雅俗共赏的赏石文化》一书中详细叙述。矿物是含有各种元素的矿液在合适的温度和适当的物理化学条件下，在充裕的空间随着温度和压力下降而结晶出来的物质；矿物大多数情况下呈化合物状态，如黄铁矿、辉锑矿、方铅矿或闪锌矿分别是铁、锑、铅、锌的硫化物，长石、云母、辉石或角闪石都属于硅酸盐矿物。含有不同矿物质的矿液也可以生成单质，如单质的自然硫、自然金或自然银等。

上面说的只是最简化的岩浆成因矿物的形成过程，沉积作用和变质作用过程中也能生成大量新的矿物：在物质成分起主导作用的前提下，沉积环境矿物的生成主要受气候、水介质的酸碱度（pH）和氧化还原（Eh）的控制；变质作用过程则与岩浆作用过程类似，生成的矿物种类除了取决于原来岩石中的主要元素含量外，还与当时的温度和物理化学条件有关。

如果有用矿物（如辉钼矿、辉锑矿、黄铁矿、云母、石英）大量富集在一起，品位和储量达到开采和利用的技术要求，那么这些矿物就是“矿石矿物”，这些石头（岩石）便是“矿石”。

矿物的晶形是天然生成的，不像首饰宝石那样要经过人工雕琢。矿物在产出时大多呈“晶体”。什么是“晶体”？晶体是矿物内部的粒子（原子或离子）在三维空间上呈周期性平移重复排列而成的固体。晶体的一种基本性质是“对称性”。围绕晶体中的假想“轴线”——对称轴旋转，每转过一定角度，晶体的各相同部分就重复一次；旋转一周，相同部分重复的次数就是对称轴的轴次。根据轴次的多少，将所有的矿物晶体分为七个晶系。它们是：三斜晶系、单斜晶系、斜方（正交）晶系、三方晶系、四方（正方）晶系、六方晶系和等轴晶系。矿物所属晶系不同就会有不同的晶形，不过同一种矿物有可能属于两种以上的晶系。

在自然条件下，只要有稳定而充足的矿液、合适的物理化学条件和充裕的结晶空间，所有的矿物都会按照自己的规律形成各种各样的晶体，组成一个千姿百态的晶体世界。但是，这三个条件往往不会都准确地到位，若环境发生变化或成矿条件改变，即使是同一种矿物也会出现许多“异常”现象。

（1）有些矿物在结晶过程中常常长成“双胞胎”式的双晶，或者与其他晶体连生的“连晶”，或者没有发育完好而长成“歪晶”；不同的环境中，同一种矿物会形成完全不同的晶形，如方解石、石英、石膏和黄铁矿都会有不同的晶形；如果很多的同类矿物长在一起，便称为“晶簇”。

黄 玉

萤 石

β－石英

闪锌矿

几种矿物常见的单晶

金绿宝石双晶

石英平行双晶

方解石接触双晶

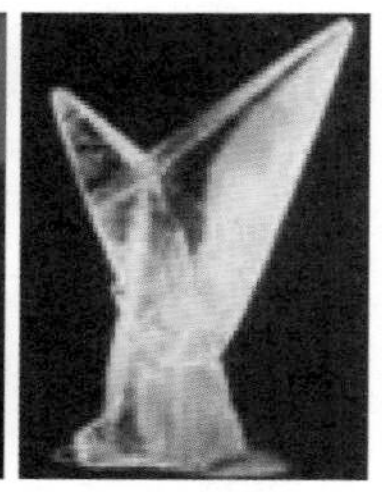

石膏燕尾双晶

几种矿物常见的双晶

水晶晶簇

电气石晶簇

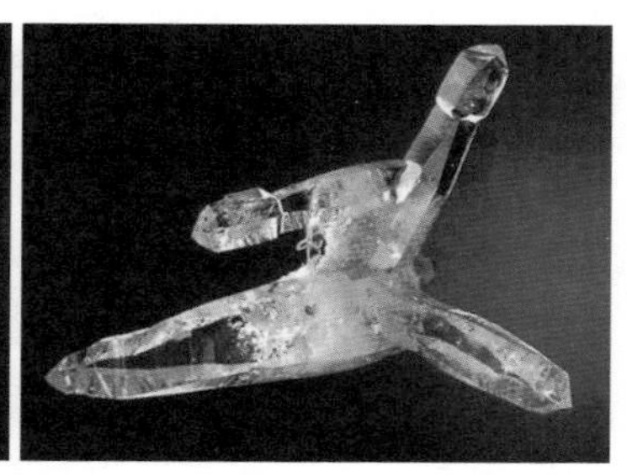

紫晶晶簇

几种矿物的晶簇

（2）有些矿物由于具有相同或相似的结晶条件，在合适的温度、压力和溶液浓度下，几乎可以同时结晶，形成了不同矿物的共生组合；有时候甚至会把刚刚结晶的其他矿物或来不及结晶的矿液，包裹在自己的晶体内，生成了“矿物包裹体”或气液包裹体；它们在石英或水晶中最为常见。

水晶中的电气石包裹体

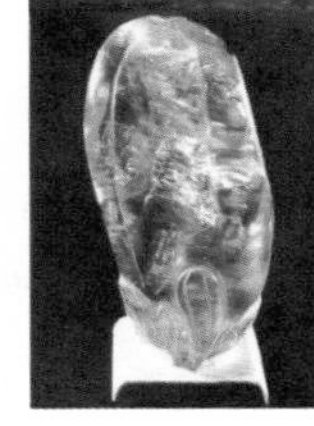

水晶中的倒水滴状气液包裹体

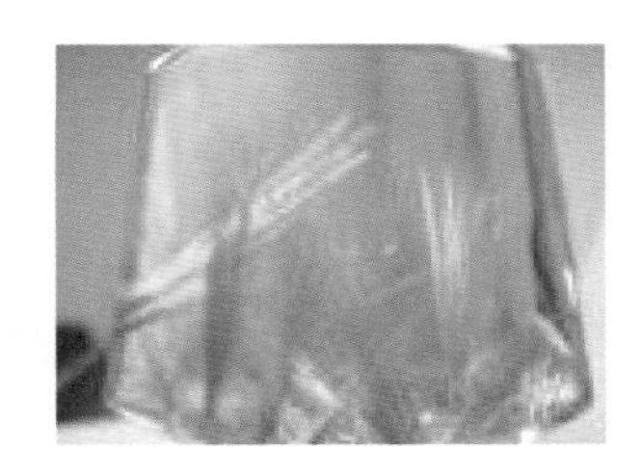

水晶中的金红石包裹体

水晶中的包裹体

矿物晶形的研究可以告诉我们矿物形成时的许多信息，多种变化使矿物的多样性更加丰富，使矿物晶体世界千姿百态。矿物的颜色既是鉴定矿物的一个重要标志，又是鉴赏矿物的主要对象之一。关于它的成因将在《真与美的结晶：雅俗共赏的赏石文化》一书中详细解释。

岩石：地质作用的记录

岩石是天然产出的具有一定结构、构造的矿物集合体，是地球最外层硬质地壳的主要组成部分。岩石主要由结晶的造岩矿物组成，少数由天然玻璃或胶体或生物遗体组成。

根据成因，岩石可分为岩浆岩、沉积岩和变质岩；岩浆岩包括喷出到地表的火山岩和尚未喷出到地表即在地壳深处冷凝的侵入岩，它们的数量最为巨大，占了从地表到地壳 16 千米深处体积的 95%。沉积岩则具典型的层状，并常常含有古生物化石。变质岩是已成为岩石的岩浆岩、沉积岩和早先形成的变质岩，在地球深部压力和温度加大时，在基本处于等化学条件下所形成的新的岩石类型；在炽热的岩浆与其他岩石紧密接触部位也

三大类岩石的代表性岩石

会形成一些变质岩。

岩石还有一些特殊的成员，除了上面提到的“矿石”外，还有由古代生物遗体或遗迹硅化、钙化甚或金属矿物化而成的“化石”和运行于宇宙空间并陨落到地球上的小行星、月球和火星的碎块——陨石。

三大类岩石的野外产出状况各自不同：那一层一层厚薄不一而成分基本相同的是沉积岩；大多呈块状，分不出层状、成分也相对均一的是岩浆岩；喷出岩则常与沉积岩类似，呈层状或流纹状。变质岩看起来似乎兼有沉积岩和岩浆岩的产状特点：既呈块状，又有点“层”的感觉，成分不均匀，呈与沉积岩的层理大不相同的扭曲状的片理或片麻理。

岩石是地壳运动的结果，是地球富有活力的表现。

地球上找到的 38 亿年前的最古老岩石表明，地球形成之初，整个地球处于一种熔融状态，经过七八亿年之后才有了固体状态的岩石，它们主要是火山喷出岩；后来地球上出现了水圈和大气圈，地球表面有了风化作用，风、水和太阳的热能和生物作用对裸露在地表的各类岩石不断进行着风化作用。风化作用包括物理风化、化学风化和生物风化。风化作用使大块的岩石垮塌、破碎，由大块变成小块，由小块成为沙粒，同时进行着水化和水解作用，随着水（风和冰川）的搬运，这些含有大量溶质和电解质的溶液

相关链接

岩石的结构和构造取决于其形成时温度、压力等物理条件和矿液化学成分，因此这些条件和成分是判别岩石成因的重要标志。

“结构”是指组成岩石的矿物在结晶程度、颗粒大小、外表形态方面的相互关系；“构造”则是指不同矿物集合体之间、岩石各组成部分之间或者矿物集合体与岩石其他组成部分之间的相互关系。

在水盆地或凹地中沉淀下来。随着地壳的缓慢下降，沉积物不断加厚，进入成岩阶段，沉积物在上覆压力和地热能的作用下形成了新的矿物，逐渐形成沉积岩。沉积物在埋藏的进程中完成了全部成岩作用过程，最终变成固结了的石头。但是，它们不是一成不变的。在地下深处的数亿年里，依然受控于地壳的构造运动：要么被抬升到地表，就是野外所见一层一层的沉积岩，要么像太平洋深部的沉积岩那样，在板块运动中，被拖曳到大陆板块之下的地幔中，成为形成新岩浆的“原料”，重新开始成为岩浆岩的历程……

现在再回过头来看看形成岩浆岩和变质岩的历程。

地幔由熔融状态的岩浆构成。岩浆的总量十分巨大，占地球总体积的83%。它们在地底下总是处于蠢蠢欲动的状态：哪里的地壳有裂缝或裂隙，它们就往哪里去，凝固后成为岩浆岩，称为“侵入岩”。如果这些裂缝又大又长，甚至直通地表，它们就涌向那里，直至喷出到地面，这就是火山；所喷发的岩浆冷凝后的岩石便是“火山岩”（也称“喷出岩”）。火山岩与侵入岩也常合称为火成岩。

埋藏在地壳深处的岩浆岩和沉积岩依然受到地球内部巨大的热能和压力的考验：在热力和动力的作用下，岩石的矿物组成、结构、构造甚至化

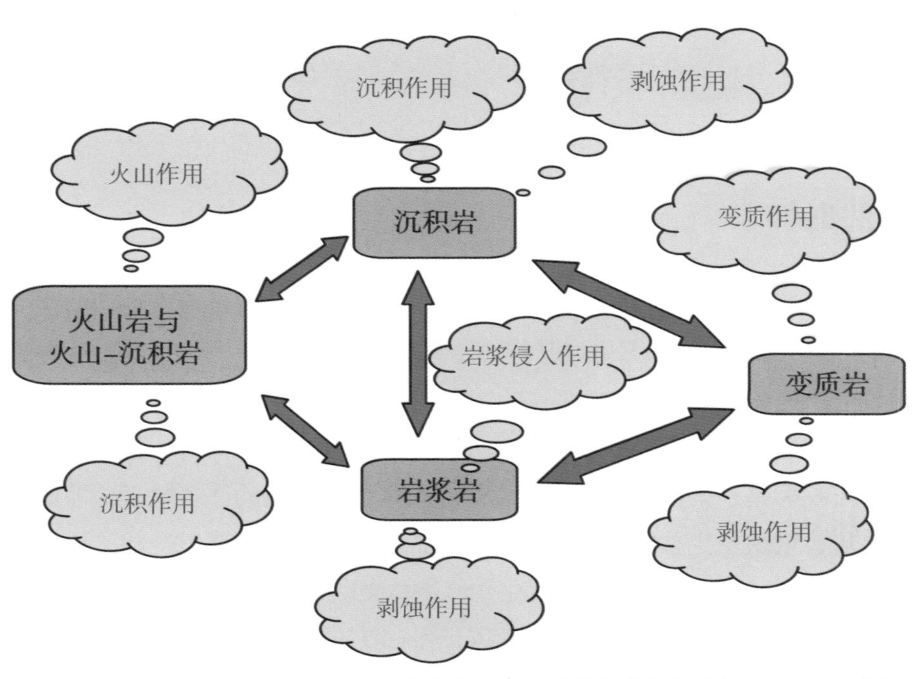

三大类岩石在不同的地质作用下是可以相互转换的

学成分都会发生变化，这是一种固态状态下的等化学体系的变质作用，它能使沉积岩、岩浆岩和已经变成变质岩的所有岩石都发生变质作用，形成具独特矿物成分和结构构造的变质岩。另外，在地壳活动带或侵入岩体的边部，常常由于构造运动或岩体的侵入，使其发生开放性或半开放性的变质作用，也能生成变质岩。

这就是地球上三大类型岩石的形成过程。

三大类岩石并不是一成不变的，在不同的地质构造位置，在不同的地质作用和环境下，它们可以相互转换，因而可以利用现在看到的岩石来恢复远古时期的地质作用历程，这也正是地质学的基本原理——“将今论古”原理的依据。

石头：地球历史的信息库

既然石头能用来将今论古，就说明矿物和岩石中蕴藏着丰富的有关地球历史的信息；现在让我们来一起看看它们到底能告诉我们哪些重要的地球信息。

天然时钟

可以说，地层或岩体中的每一块石头都是地质构造发展史书中的“一页”，它们不但记载了这个地区的构造运动、沉积作用、岩浆活动或生物的发展史，还能告诉我们它所受过的地下烈火的“煎熬”，以及地壳与地幔运动巨大构造动力的“鞭笞”。

沉积岩是一个巨大的信息库，储存有它们形成时的许多地质—地球化学环境、气候与生态的信息。自二十世纪八十年代末以来，全球的科学家开始注重探讨这些信息对全球变化的科学意义。

沉积岩所含的化石可以告诉我们当时是什么样的环境：大海，陆地？河流，湖泊？深海，浅海？平静还是动荡的环境？多种生物杂居还是一两种生物占优势？是以淡水还是咸水或半咸水的生物为主？以及当时的气候及其变化等。根据现在出露的岩石，可以勾画出各个地史时期的大陆与海洋的变迁；这就是岩石学家和地质学家共同创建的“岩相古地理学”研究的主要对象。

沉积岩中保留的古生物化石是十分珍贵的历史记录；根据这些记录不仅可以获知当时的生物种属，还能帮助分析当时的古气候、古生态和古环境。譬如海洋中的许多微体化石（如有孔虫、介形虫、放射虫）和陆地上的植物孢子与花粉就是地球千百万年来气候变化、生态变迁的“记录本”。生物介壳中某些元素含量的比值可以帮助了解海水的盐度。有人曾经根据珊瑚化石推算出泥盆纪时地球上的一年有 400 天，石炭纪时是 390 天，而现在的一年只有 365 天了；表明 3 亿多年来地球的自转速度在变慢。采用孢粉法，或者配以同位素年代测定法，就能探测那些没有化石的“哑地层”的年龄。

可喜的是，化石的研究已经进入了分子生物学的水平。例如，根据琥珀中的昆虫和化学化石等的研究，DNA 已成为获取遗传基因密码的首选材料，使现代生物学和基因学冲进了“时间隧道”，进入各个地质时代去探索生命的奥秘。

火成岩和变质岩虽然不可能含有古生物化石，但是也不甘落后，它们秘藏有一座“天然时钟”：根据石头中的大量放射性元素的含量和半衰期的测定，可以知道岩石的生成年代和变质年龄。

采用许多现代测试仪器和技术，如电子显微镜、电子探针、离子探针以及质谱仪和色谱仪等，还能探测到许许多多深藏于岩石中的信息；这些信息对于地球科学、空间科学、环境科学和其他科学的发展有着重要的意义。

举一个例子：二十世纪八十年代，科学家们在北京石花洞中发现喀斯特溶洞中的石笋也与树木一样有“年轮”，这些“年轮”表现为石笋表面细小疏密相间的纹轮；根据纹轮的宽窄、密度、成分和同位素测定，可以判断它们生成时的气候、环境变化，特别是降雨量的变化。对于数千年的环境来说，石笋与树木的年轮可以互相补充、互相订正，起到了相辅相成的作用。

从那个年代以后，科学家已经在与石头有关的产物中找到许多很有价值的样品，除了上面讲的化石和石笋，还有海底沉积物、湖泊纹泥、洞穴堆积物、珊瑚（礁）、黄土、古土壤、孢粉、深海岩芯，以及地外物体撞击在地质体上留下的痕迹——微玻璃陨石等。多种与石头有关样品测试与其他方法的配合，使世人最为关心的全球气候变化问题终于走出了“迷魂阵”，看到了探知几百年、几千年，以至数万年以来地球气候和生态变化的曙光。

找矿的“探头”

各类岩石的分析研究告诉我们，它们生成时的环境和条件，以及生成之后所受到的构造变动，都可以用来探知（沉积岩）岩层或（岩浆岩、变质岩）岩体中可能会有什么矿，使岩石及其有关的矿物成为找矿的“探头”。

在岩石的形成过程中，如果正好有足够的矿物质供应，矿物质就按照自己的生成规律在岩层或岩体的适当层位（或部位）成矿；这些含矿沉积岩的层位或火成岩的部位就称为“矿体”。要想找到矿体总不能漫山遍野地跑，那样找到矿的概率是极低的。要想找到矿，必须付出艰辛的劳动，寻找出各种矿产的成矿规律。

首先要系统收集和综合分析整个区域的地质、矿产、遥感、化探和物探资料，选定找矿的“靶区”，确立初步的成矿模式；然后在靶区内进行大比例尺地质测量工作，穿越若干剖面，描述地质特征，采取岩石样品和标本；在室内系统整理的基础上，选择和磨制样品，进行显微镜和各种测试研究，结合显微镜下对岩石薄片和矿石光片的鉴定和测试结果，圈定可能性最大的找矿靶区。探讨小靶区可能含矿部位的矿体分布、矿化和蚀变特征，确定找矿模式。最后通过坑探和钻探加以验证，才能确认矿体的分布特征、规模大小和储量，提供建立矿山、确定采矿方案及矿山开发的依据。

比如，如果找到某个花岗岩岩体的某个部位有成矿的迹象，需要查明这个部位是在整个岩体的上部、中部还是下部。这有什么用呢？就是看矿体所处部位的岩体受风化作用剥蚀的程度：如果矿化点处于岩体的中部或下部，说明已有相当部分的矿体可能被剥蚀掉了；如果是在岩体的上部，则往下部位的矿体就“前景看好”。那么，怎么知道成矿部位的所在呢？矿物包裹体测试的方法可以帮助提供可靠的信息：通过矿物包裹体中被包裹

相关链接

“薄片”是将欲鉴定的岩石切下一小块，经仔细磨制、制成厚度0.03毫米的薄片，在透射显微镜下观察它的结构和矿物成分。薄片主要用来研究岩石中透明的造岩矿物。“光片”则是切平、磨光和抛光了的岩片（或矿片），可以在反光显微镜下研究矿石的结构和矿物成分；主要用来研究岩石或矿石中的不透明矿物。

的矿物和某些气体或液体的形成温度和压力的测定，可以推测它们所处岩体的部位。当然这应该是大量测定的综合数据的统计结果，而且最好再采用其他测试数据作为验证，所得到的结论就有更大的把握。

其实，火山岩、岩浆岩、变质岩中的许多地质—地球化学信息和沉积岩中的气候、环境信息都有助于我们了解地球深部状况和地球历史上的气候和环境变化，也可用这些信息中得到的认识和结论，帮助我们科学地理解石文化的意义，促使更加科学地、理性地认识地球，建立地球科学文化的知识体系。

地球历史的信息库

在人类生存环境发生巨大变化的今天，通过从石头那里得到的“见微知著”的认识，有助于了解全球的环境变化；从纵向和横向两个方面了解古环境和古地理变化，在科学的基础上分析现在，预测未来。这就是科学家的责任，也是文化对历史的反馈。这样的工作虽然刚刚开始，但上面所举的例子表明，这条路子是走对了。

把从这些信息所取得的当时当地的古气候、古环境和古生态，再“连点成面”，联系同一时期的环境，从“横向”（同一时期不同地区的）对比，就能“查阅”到当时当地的气温、降雨量、风向、湿度等，编绘出这一时期的古地理图和古环境图；积累多了就可以从“纵向”（同一地点的不同时间）了解全球环境的变化。二十世纪八十年代以来，“全球环境变化”已经成为全球不同学科科学家的共同课题。

石头中还蕴藏着许许多多我们未知的知识，等待着有志者去发掘、去

探索……

下面以雨花石中的玛瑙、双色电气石的颜色、某些化石的纹饰和各类菊花石的成因为例，看看石头中到底蕴藏有哪些深奥的学问。

（1）雨花石那人见人爱的五彩缤纷的层纹，是怎样生成的?

其实，雨花石中最好看的是玛瑙砾石，它是与其他岩石的砾石经过数十万年时间的长途跋涉，从长江中上游的湖北和四川一带“滚滚而来”，慢慢沉积在江苏南京六合区年轻时代的地层中；稍加破碎，包含在沙粒中的玛瑙砾石便一颗颗被分离了出来，加入书房几案，摆进观赏石的展柜……

玛瑙为什么会这么好看，以至于“人见人爱”呢?

矿物学家告诉我们，玛瑙是一种胶体沉积物，它的原生物质大多来自火山喷发之后含有多种金属致色元素的热水胶体溶液。胶体溶液有三个主要特点：一是它的溶液震荡粒子非常细小，直径都在数十纳米量级（1 纳米 = 10^{-6} 米）；二是不同金属元素及其化合物带有不同的电荷，如氢氧化铁、氢氧化铝和碳酸锰的微粒子带正电荷，而二氧化硅、二氧化锰和硫化物的微粒子带负电荷；三是其中很多的半金属的致色粒子。

这些粒子在介质的温度、压力和酸碱度发生改变时，就会围绕一个结晶核心而结晶出来；在结晶过程中由于微区三维方向上发生化学震荡现象，遂形成了一圈一圈的带各种颜色的层纹。这种“化学震荡现象”过去只见于合金物质中。天津大学高后秀教授在电子显微镜下研究雨花石时，发现这种类流态的化学震荡现象；“类流态”是一种尚未被人们认识的天然非线性震荡现象，对它的研究不仅深化了自组织理论，而且有助于我们从化学实验走向自然界，加深加快认识大自然的奥秘。1989 年以来，高

国色天香般的雨花石

胶体物质沉淀时都是以一个质点为中心，形成层圈状沉淀

教授和他的研究团队一直在探索，结果不但发现雨花石中有这种化学震荡现象，而且在水晶和大理石中也有。

更有意思的是，通过 X 射线衍射分析发现，固体类流态“胞”区的天然破裂过程于物理机制和表现形式上竟然与地壳板块岩石的破裂形态有相似之处；利用这一原理，1995 年和 1997 年在华北、四川和新疆成功地预测到地震先兆。

这么小小的一颗雨花石竟然蕴含着这么大这么高深的科学道理，真叫人不可思议。

（2）化石的研究涉及沉积学、古生物学、古环境和古生态学，并已取得很多成果。我们在鉴赏观赏石的时候，发现了菊石和蛤类化石贝壳上具有“分形美”特征的纹饰。

什么是分形理论？

1967 年，曼德布朗特在《科学》杂志上发表了题为《英国的海岸线有多长？统计自相似和分数维度》的著名论文。指出曲里拐弯的海岸线，其特征既极为不规则，又极不光滑，很难说清楚它蜿蜒复杂的变化规律。我们不能从形状和结构上来区分这部分海岸与另外一部分海岸有什么本质的差异，只能说海岸线在形貌上是自相似的，也就是局部形态与整体态的相似。有人在没有其他物体作为参照物的情况下，从空中拍摄了 100 千米长的海岸线照片，并将其与放大了的 10 千米长海岸线照片做对比，结果发现两张照片的形态十分相似。进一步研究表明，具有自相似性的形态在自然界非常多，如连绵的山川、飘浮的云朵、岩石的断裂口、粒子的布朗运动、树冠、花菜，甚至人类大脑的皮层等。曼德布朗特教授把这些部分与整体以某种方式相似的形体称为分形。八年后，他创立了分形几何学。经过许多人的研究，分形理论逐渐得到发展和完善。

数学上的分形美

二十世纪八十年代初开始的分形“热”迄今经久不息。“分形”的图形之美不仅在地理学的自然景观图形、山脉分布、海岸线的延伸和电脑中技术图像的缩小与放大，以及生物学的形态和树叶、花草形

态诸方面都得到了证实，广泛应用在化学、生物学、天文学、地理学和计算机科学领域，而且有很高的欣赏价值，为观赏石美学欣赏提供了科学依据。

对此，美国物理学大师约翰·惠勒说过：今后谁不熟悉分形，谁就不能被称为科学上的文化人。我国学者也曾指出，分形几何不仅展示了数学之美，也揭示了世界的本质，还改变了人们理解自然奥秘的方式。

总之，科学界已经深切地认识到，分形几何是真正描述大自然的几何学，对它的研究极大地拓展了人类的认知疆域，它使人们认识到：世界是非线性的，分形无处不在；它不仅让人们感悟到科学与艺术的融合，数学与艺术审美的统一，而且还有其深刻的科学方法论的意义。

笔者在探究某些贝壳类化石的纹饰时，发现它们的纹饰之美正是符合数学上分形美的原理的，也证明了上述科学家的预见。

由于两端元素成分的不同而形成的双色电气石

（3）双色电气石：我们看到矿物晶体的颜色，常常是一个完整的晶体就一种颜色，极少能看到同一颗矿物的两端竟然显示两种颜色；最常见的就是电气石。

为什么？因为在岩浆演化的后期最容易形成矿物晶体粗大的伟晶岩，它的矿物不仅硕大，而且化学成分复杂，含有诸多其他成矿阶段很少“出场”的稀有元素和稀土元素及分散元素矿物，容易造成矿物两端吸收了不同的致色元素，从而形成了双色矿物。

（4）菊花石的成因：从地质的角度看石头的形成，与从鉴赏石头的角度看其成因常常会得出大相径庭的结果。

从地质的角度而言，地球上只有三大类岩石：沉积岩、岩浆岩和变质岩。虽然它们还可以各自分出一些细类，但总逃不出地球上的沉积环境、岩浆侵入和喷发，以及经过一次新的变质作用，所形成的岩石还是沉积岩、岩浆岩和变质岩。也就是说，沉积条件下不可能生成岩浆岩，变质条件下是永远不会生成沉积岩的。

钠黝帘石化辉石闪长岩形成的菊花石，21厘米 ×16厘米 ×9厘米（张素荣　藏）

但是，观赏石就不一定了，因为它看一块石头不是看它的“本质”，而是看它的表象：外形上像什么，或者画面上显示什么样的图像或图文。以“菊花石”为例，除了最典型的湖南浏阳的“菊花石”的“花”是一种名为天青石（或者已经被交代而变成的方解石），“开花”的“基质”（底板）岩石基本都是石灰岩，其他许多菊花石就不一定啦！特别是我国北方的菊花石的“花瓣”矿物，大多是红柱石、电气石、锂蓝闪石、斜长石、阳起石等，偶尔有硅灰石和燧石的“花瓣”；“基质”岩石除了炭质板岩属沉积岩外，大都是角岩、大理岩和流纹岩等变质岩或火山岩。还有一种岷江菊花石，它的原岩是一种被交代了的岩石；交代型的岩石比变质型岩石的变质程度浅得多。

一句话，作为观赏石的菊花石是几种完全不同的地质环境下的产物；它们的“花瓣”和“基质”岩石自然就没有共同之处了。

全国最典型的菊花石产于湖南、广西、江西、陕西、云南、贵州和四川诸省（区），它们是与化石共生的菊花石。其形成过程很有典型意义，也非常难得。著名的湖南浏阳菊花石产于一种“臭灰岩”的沉积环境。表明当时处于含硫化氢较高的较强还原沉积环境，即是闭塞—半闭塞的浅海海湾环境。由于局部流水不畅，积聚了较多有机质和沥青质；关键是当时沉积物中富集了大量的 Sr 元素，它与硫酸根结合能生成天青石（$SrSO_4$），与碳酸根结合生成菱锶矿（$SrCO_3$）。在缺氧的还原环境中，生物的死亡和腐败既促进了环境的还原程度，又为放射状结晶的天青石提供了形成“花瓣”的结晶中心——“花蕊”。在这种严重缺氧的还原环境中，生物处于窒息状态而死亡；这两种矿物就以岩石碎屑、化石或其碎屑为核心，以斜方晶系的晶形，呈放射状、花瓣状晶簇产出。由于这些“花瓣”的化学性质不稳定，常常被方解石或白云石所交代，于是方解石和白云石就以天青石和菱锶矿的假象构成了菊花石。

上图左边的“花瓣”为放射状结晶的天青石，中间的“花蕊”为腕足类化石；右边的菊花石虽然也有“花瓣”，但是缺乏“花蕊”（据张家志）

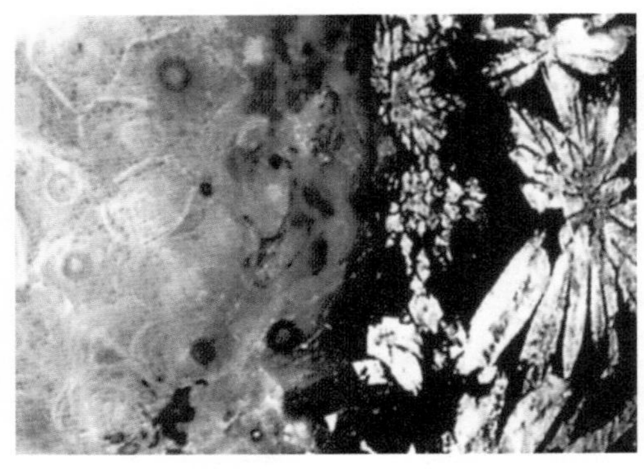

上图左边为珊瑚化石，右边的“菊花”由于缺少“花蕊”而未能形成完整的“花瓣”（据张家志）

说了这么多例子，无非是想说明一个事实：自然界真的是奥妙无穷，一块最常见的石头只要生成时的环境一有变化，就能“生产”出迥然不同的“产品”，这些大自然的奥秘都需要我们努力学习，去探索科学和文化深层次的问题；从这个角度说，石头既是科学的疑难问题，又是文化之谜，既是自然遗产，又是文化遗产。

菊石和蛤类古生物化石纹饰的分形之美

相关链接

分形是一种自组织现象，是非线性科学的一个分支。其定义是：一个集合形状可以细分为若干部分，而每一部分都是整体的精确或不精确的相似形。在不同的尺度下观测时，具有分形几何学尺度上的对称性。它的图形是非常不规则和不光滑的、已失去了通常的几何对称性。分形图形很有欣赏价值，并在计算机科学、化学、生物学、天文学，以及地理学的自然景观图形、山脉分布、海岸线延伸、生物形态和花草形态的研究中，在仿真形体生成、计算机动画、艺术装饰纹理、图案设计和创意制作中得到广泛的应用。

“地外客”带来的信息

讲完了地球上的石头所蕴含的信息，再来看看“地外客”——陨石给我们带来的宇宙信息。

现在已经知道，地球上收集到的陨石绝大多数来自太阳系中一个位于火星与木星轨道之间的小行星带。这个带里麇集了太阳系形成之初留下的体量很小而数量众多的小行星。科学家已经查到目前“在编”的小行星就已有 120437 颗；它们的个子都不大，最大的谷神星，直径也不过 950 千米左右，“老二”智神星、“老三”婚神星和“老四”灶神星的平均直径只有 400 千米，其余的都是一些“小兄弟”，有些甚至只能算是尘埃啰。可是，它们虽然很小却很“淘气”。据研究，那些半径 10 千米左右的“尘埃”们，平均每一千万年就会发生一次相互间的碰撞；那些碰撞下来落到地球上的碎块便是陨石。不过，二十世纪七八十年代以来，对陨石的“体检”发现，南极和非洲的几个陨石的“出生地”不是小行星带，而是火星和月球。

吉林Ⅰ号陨石

新疆铁陨石

月球陨石

火星陨石

科学家经过研究后指出，来自小行星带的陨石带来的信息非常有用，因为它们的母体小行星由于个体小，所以不像地球、火星和月球那样自形成的四十五六亿年期间，内部的化学成分发生过分异作用，而是保持着混沌之初太阳系元素成分的分布和状态，没有发生地球、火星所经历的重元素向中心部位集中、轻元素“漂浮”到近地表区位的元素分异作用。所以，科学家称陨石是“太阳系的考古样品”。

对比一下陨石与地球岩石的成分和分布状态，就可以知道对陨石而言这个“太阳系考古样品”的称号确实是当之无愧的。最典型的是铁陨石，它的成分中铁和镍分别占 90% 和 8%，而且铁与镍呈合金状态（不是像地球上那样呈化合物状态）；这种情况与地球的地核部分的成分相似。石陨石的成分恰恰与分异后的地表岩石的成分相似，而在岩石的结构构造上反映了宇宙的环境。

与人类文明同行的石文化

历史是人类的根，文化是人类的魂。如果人类忘记了自己的历史，就会成为“数典忘祖”的浮萍；而不研究文化、不探索文化发展历程，人类就无异于没有魂的动物。

石头是地球上最早的“居民”，它比人类早几十亿年前就来到了地球，但是它们不“忌讳”与人类之间的“年龄”悬殊，它们与人类是“忘年之交”！它们无声无息地为人类所使用，不言不语地给人类以美的享受，它们是人类生活和生产中最早的“介入者”，它们对愉悦气氛、美化生活功不可没。

石头是怎样走进人类的生活、生产、思想和社会的？人类与石文化有什么样的关系，怎样由物质变精神，又怎样由精神变物质的？……

石头的文化品格

人有人的品格，石头也有各自的“品格”。人的品格是指这个人的品性和品行，既包含他的品质、修养，也反映这个人待人接物的风格；石文化的“品格”则是用来表达由于石头的品质和质地所决定的文化特质。

石头与水一样，都是人类接触到的最早的天然物质，它既是文化的一种载体，有极高极广的使用价值，其本身又蕴涵着极深的文化内涵。姑且不论现今发掘的古人类都是以山洞、岩洞为居，即使到了二十一世纪的今天，在中国还有“穴居族”，在非洲也还有不少居住于山崖石洞中的部落。

马里多贡人的洞穴房和石砌房

毋庸置疑，石文化是历史最悠久、影响最深远、传播最广泛的一种文化，也是不同种族、不同民族不约而同创造的一种文化形态。

自古以来，人类连续不断地用自己的智慧和双手创造出这种既高雅又通俗的文化。这种雅俗共赏文化的发展特点，就是从追求石头和用它装饰的物件的外表美开始，逐渐深化，进而探索石头的自然美、整体美和内在美：既可直接在自然界欣赏天然石头的造型美和组合美，又按人的意志重新组合出有欣赏价值和经济价值的美。徜徉在大自然中，那山山水水会使你心旷神怡，从荒山野岭和潺潺山涧搬回的几块普普通通的石头，陈设在文房几案或幽雅的后花园，会让你欣赏到无穷的美感与说不尽的乐趣。

这就是大自然的神奇和石文化的魅力。

当代“人是由猿演化来”的结论已成为科学的定论，我们对石文化历史的认识也是从这里开始的。

古猿在使用工具的过程中学会了劳动，而在觅食、狩猎和捕鱼的过程中，促进了躯体的直立和行走，加速了大脑的发育。于是以石子计数，在崖壁上绘画、刻画，以赤铁矿作颜料涂抹化妆，以兽骨和玛瑙及各种彩色石子为首饰、祭品和陪葬品，引发了文化艺术与审美的萌芽。如果说是劳动使类人猿向人类迈出了关键的一步，那么文化与艺术的萌芽是人类发展中同样重要而关键的一步。石文化正是在人类与大自然的交往中摩擦、撞击出来的火花。

从非洲大裂谷的森林草原的人类古文化活动到长江—黄河流域的远古中华文明，从古埃及、古罗马到恒河流域的古印度文明，从美索不达米亚的古巴比伦到美洲的玛雅文化，在人类历史的长河中，不论是巍峨的群山还是巴掌大的石头，不论是悬崖峭壁还是显微镜底下的石头“世界”，总是时不时地撞击着人类的神经末梢，摩擦出思想的火花，荡涤着人类的精神世界。在悠久而漫长的发展历史中，人类有了劳动，有了语言，有了文化、文字和艺术；这一切的一切都与石头有着千丝万缕的联系。

至于从天然的山、石、水和土涉及的文化，首先接触到的就是石头，譬如用石头制造工具、防身武器和用具，慢慢地用红色的石头作颜料，将好看的石头用作欣赏，等等，这样慢慢地走上了文化的“台阶”。

石头的文化品格，主要体现在如下三个方面：

一是以石头作为文化的载体。例如，古人类用石头作武器，打制、磨制石器，创造了石器时代；将石头雕刻成砚台，成为“文房四宝”中的一“宝”；把石头磨制成印章，镌刻私章、关防或玉玺，作为信佩；用石头雕刻碑碣，可用作纪念碑、墓碑等。使一块很普通的石头成为文化的使者，从多方面体现了石文化的多样性和亲和力。

二是选出其中有观赏价值的石头，寻觅、挖掘或赋予它们以文化内涵，使之成为人们认可的“文化石”。通过鉴赏观赏石、园林石和人造装饰文化石，为它们命名、配座，分析它们的美学特色，提高它们的观赏价值；特别是对一些矿物宝石和玉石，从中选出“国石”“生辰石”和“结婚纪念石”，赋予它们特有的人生价值、性格意义等人文元素，使之演绎出观赏石文化、园林石文化、泰山石文化和宝玉石文化等。

三是挖掘石头的科学研究价值，深化石头的科学意义。例如，通过石头的分布和性质了解石头的形成条件和形成过程，勾画“岩相古地理图”，了解火山的喷发过程，探讨当时的古环境、古地理和古生态，进而探索全球变化和气候变迁……利用石头所“记录”下来的地质作用痕迹，探讨远古时期地球的演化，了解地球的历史，充分发挥其科学上的作用。

从上面三个方面看，人类对石头文化内涵的挖掘和利用是逐步深入，渐次深化的：先是外表的形状、坚硬的程度，后是外形、外表和表面的美观特征，最后是“深藏不露”的科学性；如此由表及里，“去伪存真”，再加上人的思维和创造，使之逐步达到完美的程度。

石文化是自然科学文化中一种最基本的文化形态，它与人类的生存发展有着密不可分的联系。可以毫不夸张地说：石文化是人类进步的阶梯，是人类社会发展的一种表征，是人类文明进步的重要标志之一。

既然石头的范围这样广，石文化的概念就不会很窄了。石文化即是石头蕴含的所有文化、科学内涵，以及一切与石头有关的文化思维、文化现象和文化行为；一切天然而未经任何雕凿、加工的石头，以及所有经过人工雕刻、切磨的石质工艺品，都在石文化论述的范围之内。

石文化：人类进步的阶梯

从生产工具到精神产品，从物质利用到精神享受，人类历史与石文化同行。

毛泽东主席在《贺新郎·读史》中写道：“人猿相揖别。只几个石头磨过，小儿时节……”这就明确地指出，既是“读史”，就要从“人猿相揖别”伊始，那个人类的“小儿时节”就是从“几个石头磨过”开始的。一针见血地指出了石文化历史的源头与真相。不妨说，人类的历史就是从与石头打交道开始的。

先从粗线条来看看人类祖先的“小儿时节”是如何从“磨”几个石头起家的。

在叙述石文化的历史之前，我们从刘炜和张倩仪先生编著的《中国历史文化精解》一书中，辑录一些人类发展史中与石头有关的内容：云南禄丰距今 700 万年到 800 万年前“正在形成人的体型”的禄丰古猿，这应该是现代人类的直系祖先；他们远早于非洲东部开始直立走路的“露茜”，这位被科学家称为人类的“老祖母”也不过 300 万“岁”。而从那时候起，人类的祖先就会打造粗糙的石器。在大约 170 万年前，云南元谋人进入了直立人阶段，开始使用火和制造简单的石器，为旧石器时代之伊始。随后，出现了会打制石片与砍砸器的蓝田人（距今 100 万年至 65 万年），以及能制作砍砸器、刮削器和锤击器并能人工取火的北京人（距今 70 万年至 20 万年）。到了距今 30 万年至公元前 5.2 万年的智人阶段，已掌握了打制石球的技术。公元前 5.2 万年至前 3.2 万年的周口店山顶洞人的脑容量已接近现代人，并有了审美、丧葬和原始信仰观念。公元前 12000 至公元前 6000 年的新石器时代，原始人类从山洞移居到台地和平原，并着手耕种、饲养家畜和制造陶器。公元前 3500 年时，人类社会出现了铜器，进入了铜器与石器并用时期；随后逐渐进入农耕经济时代。

现在我们来看一看人类怎样从“磨”石头到“用”石头，再到“赏”石头，又怎样从利用石头的物理性质进入到提炼和利用化学成分，直至走上石文化发展的康庄大道的。

几个石头磨过

在“人猿相揖别”时代，气候变化迫使类人猿从树上下到地面，由于伸直腰杆摘取野果，使手脚逐渐分工；为了遮风避雨和躲避野兽，只好住进了洞穴；石头不仅是“御敌”和“杀敌”的武器，还是生活的好帮手。

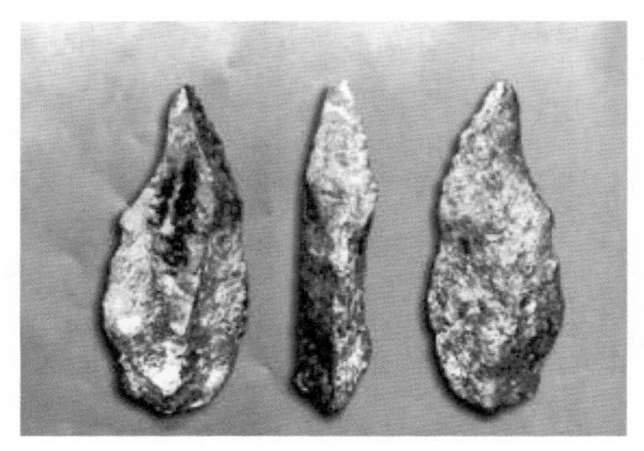

贵州盘县30万年前旧石器时期大洞人的石器 （郭昆 供稿）

内蒙古阿拉善旗新石器时期（6000年前）的岩画

躲风避雨、追打野兽、切割肉食，以及后来的取火驱寒，使他们渐渐认识到“石头”是个很有用的好东西：石头可以当“门”，在山洞中安心休憩，保证安全；石头可以作武器，可以用来敲打、切割和刮削；两块石头相互撞击还能击打出火花。于是，石头成了驱赶狩猎野兽、取火取暖、切割食物和保障安全最容易得到的最佳工具，成了人类最好的生活伙伴。

现在发现的石器都是由不同的石头打制或磨制而成。例如，燧石和角岩被削尖（或磨薄）作为切东西的砍斫器、刮削器、三棱大尖状器或武器，而玄武岩和砂岩则被用来制成磨具（如手摇磨）。到了石器时代的后期，石头风化的碎屑（细沙）和黏土被用来制作陶器。由于没有文字记载，现代人只能靠用这些石头打制的石器的种类、用途、精巧程度与光洁度，配合所赋存地层层位的测定，划分新石器时代和旧石器时代，鉴别使用它的古人类在历史上的“位置”。

世界上已发现不少旧石器时代遗留的石器。这个时期在欧洲多是距今几十万年的遗物，从未超过百万年的；非洲有一些一两百万年前的古石器，埃塞俄比亚曾找到过二百五六十万年前的石器。在中华大地，已发现从旧石器早期的元谋猿人、蓝田猿人，以及从北京猿人过渡到旧石器晚期的山顶洞人所使用的石器。1999年，泥河湾剖面中找到了距今大约300万年的一件石器：这是一块具有台面、剥片面、打击点与放射线特征的淡褐色细粒石英岩石核，当是古人类制造的石器无疑。这是世界上最早的石器。差不多与此同时，安徽繁昌发现了200多万年前的一把石刀，加工虽然粗糙了点，竟然还有单刃与双刃之分。这把欧亚大陆最古老的“第一刀”当是

相关链接

石英、石英岩、石英砾岩、石英细砂岩、玄武岩、砂岩和黑色燧石，都是硬度比较高的矿物和岩石，用它们制作的石器耐磨，耐砸，断口锋利。

西侯度遗址位于山西芮城县西侯度村，根据砍斫器、刮削器、三棱大尖状器等石器的精细程度、材质（石英岩、脉石英和火山岩），以及与之同时埋藏的动物化石的时代鉴定，距今约 180 多万年。

古人类赋予石头以文化内涵的重要遗物。

石器系列的研究表明，从元谋猿人、蓝田猿人到河套人、山顶洞人，逐渐学会了选用燧石、石英的砾石制作有棱角的石片，有意识地制成砍斫器、刮削器和切削器，分别用于狩猎、割草和日常生活；从而使石器成为认识人类发展道路上的一个重要证据。

碰撞——打出火花

“火”在人类发展史上有着不可磨灭的作用。不论是中国还是外国，不论是古希腊的神话还是华夏的古代文明，都有许多有关火的传说、神话与记载。只靠木棍之类工具已经远远不够了，寻找食物以维持生计已不是唯一的目的；偶尔的雷击起火，使他们尝到了熟食的美味。吃果子之类素食也已满足不了生活和身体之需，寒冬腊月吃不到野果生肉，就必须寻求和保存火种，其中石头的利用、火的使用无意间引发了人类自身一系列的生理和心理的变化和演变。

火给人类照亮了前程

《韩非子》中写道：“上古之世……民食果瓜蚌蛤，腥臊恶臭，民众疾病，有圣人作，钻

燧取火，以化腥臊。”“钻燧取火”使人类有了永远的火种。

现在已经知道，山顶洞人已经懂得了击燧取火：他们在搬运周口店一带盛产的隐晶质石英（石英岩）堵洞口、防御野兽侵袭的时候，可能在偶尔的碰撞中，打出了火花。这种“击燧取火”沿用了几十万年。

石壁“涂鸦”

石头应用的扩大标志着从使用石头向“文化石头”演化。火的应用，使熟食成为主要的饮食方式，熟食特别是肉类的熟食使人的头脑产生了文化性的思维，住宿在山洞中觉得不那么舒服了；有了比较充裕的食物，就有了闲暇的时间，男人们拿起尖尖的红石头开始在石壁上涂符作画，女人们则挑选好看的石子作为项链和挂坠；各种工具的精细化和使用范围的扩大，使人类走进了石器时代文化的新阶段。

人类走上这一进步阶梯而得以发展的真正动力，是对石头认识所产生的文化助力。也就是说，在与自然的接触过程中，在劳动中认识了自然，学会了使用石头作为工具，引发了生理和心理上的诸多变化，特别是大脑的进化和发展，促进了文化和文化心理阶段的到来。从本质上说，就是以石文化为发展推力，推动了人类生理和心理的变化，随之而来有了生活的提高与生产的发展。

在人类文明的早期，人们最喜欢在山崖或陡壁上刻字画图，给后人留下了大量的摩崖石刻。其中有岩画，也有崖壁上的“天书”。目前所知最早的岩画发现于二十世纪最后两年，南非开普敦市以东约 300 千米处一个叫布隆伯斯的洞穴中，那幅距今 7.7 万年早期人类绘作的岩画上精心雕刻着十字状的画。“画板”是赭红色的红色砂岩。从赭红色岩石的处理和绘画来看，这绝不是“涂鸦之作”，而是一件非凡的艺术品，反映了早期人类已经具备现代人的大脑结构。多年来，科学家一直认为能否进行思维并将复杂的思维转化为行动，是区分早期人类与现代人类的标志；而思维转化的关键表现是能否使用符号（特别是几何图形）。这些绘画正是早期人类艺术思维的一种表达方式。

从全球范围看，几乎五大洲都曾发现过为数颇丰的石器时代岩画，大多发现于岩洞的石壁上，也有的见于野外裸露的岩壁上。亚洲，非洲，西欧的

距今7.7万年南非古人类的非凡之作（据《科技日报》）

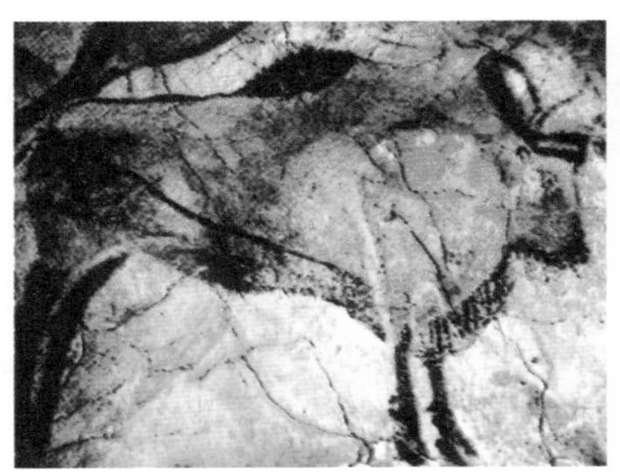

西班牙阿尔塔米拉洞中的岩画

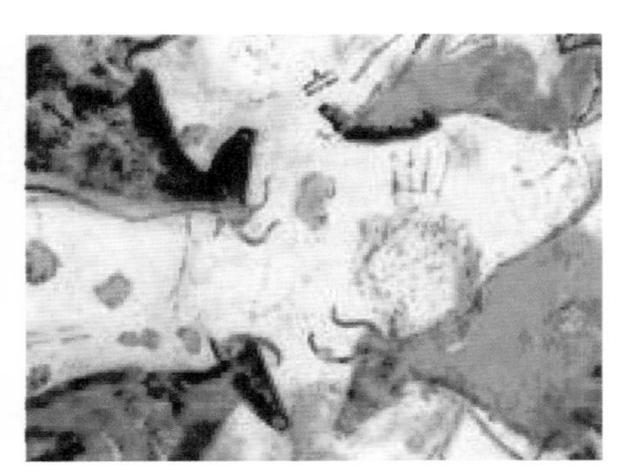

“史前卢浮宫”中的一匹马和三头牛的岩画

西班牙、法国，以及南美洲、北美洲的一些石崖和岩洞中，都留有新石器时代甚至旧石器时代的岩画。例如，埃及曾发现6000年前有关哈托尔女神的壁画；西班牙阿尔塔米拉洞中旧石器时代的岩画更是精美绝伦，构思精巧，有着隽永的魅力和美感；法国拉斯科洞因为有一幅“一匹马和三头牛”的岩画而被称为“史前卢浮宫”。

中、印、巴三国交界处中世纪的宗教画家们留下的遗作，不禁使人想起了丝绸之路在中印、中巴文化交往中的作用。这是一部露天的印度河文明史，也是各国文化交流的史书。印度和巴基斯坦的岩画更令人叹为观止：在距伊斯兰堡400多千米的印度河边，有一座叫吉拉斯的小镇，这里保留有一组“吉拉斯一期”的岩画，既有原始社会的生活风貌，也有各种宗教符号与佛像。据考证，这些画的作者有的是几千年前人类文明初期的居民，也有中世纪的宗教画家。最使人感兴趣的是原始居民与宗教“画家”的画作。数千年前的岩画上有被大大夸张了的出猎和征战操戈，也有简笔浪漫

的动物形象，几笔几画就是一只羊、鹿、兔或者下山的猛虎；那浪漫的情调和高度概括的表现力，让当代画家也自叹弗如。

我国在大约100年前，就发现了福建华安的仙字潭岩画，随后又发现了新疆库鲁克岩画、内蒙古狼山岩画、西藏江孜岩画；到了二十世纪五六十年代，又发现了广西花山岩画群和云南沧源岩画。真正引起人们对岩画的兴趣和研究热潮的是八十年代北方大规模岩画的发现：内蒙古阴山岩画、乌兰察布草原岩画、宁夏贺兰山和北山岩画、甘肃祁连山和黑山岩画、新疆阿尔泰山与天山山脉的岩画等，在沿北纬37°～42°的宽广范围内形成了一条“岩画艺术长廊”，表明了岩画这种艺术遗存在北方早期民族文化史上有着非同寻常的地位。更有意思的是，与此同时，青海岩画的发现拉开了青藏高原岩画发现史崭新的一页；随后，云贵川诸省发现了一批古代少数民族的岩画，以及时间上稍晚的少数民族古文字摩崖。有研究者发现，将这些岩画点投影在中国地图上，竟然呈一个巨大的英文“C”字形：从东北大兴安岭起，经内蒙古、宁夏到新疆，先“弯”出第一段弧形；再由西藏向云贵高原至广西、广东往上“翘”至福建沿海，“弯”出了第二段弧形，最后在江苏连云港“收口”，完成一个巨型的“C”形。

也就是说从那时候起，岩画成为考古学家、历史学家、艺术家、文字学家和民族学家探究的对象，也作为新的一员进入了石文化的研究范畴。

关于我国境内岩画的时代，一般认为大多是新石器时期。内蒙古阿拉善盟曼德拉山是我国著名的古岩画地区，这里的6000多幅岩画最早创作于6000年前的新石器时代，最晚延续到清代。据研究，西藏的岩画多为两三千年前先民的杰作。据《贵阳晚报》报道，在贵州贞丰与望谟、册亨交界的石柱村大红岩山发现了1万年前的岩画。在400多米长、平均高180米的崖壁上，除了兽面人身、男女对诗等线条流畅的画图外，还有猪、牛、蛇、鹿和1000多处的手印岩画。这些岩画年代之久远、

贺兰山6000年前的岩画

贵州贞丰大红岩山1万余年前的岩画

内容之丰富，以及首次出现猪的画像和手印画，实属罕见，有很高的考古、艺术、民族和石文化价值。

数石计数

在人类发展的过程中，计数与数学思维也是文化进步的一个十分重要的标志。可以断定，在“结绳记事”阶段之前或同时，以石子为计算工具是每个民族都曾历过的阶段；计算给人类带来了科技文明。数学家吴文俊说中国古代数学是“没有储存设备的简易计算机”。“石子”在人类生活、科技与文化发展历程中正是起到了这种“简易计算机”的作用。

数石计数

从制陶到冶炼

人类对石头的认识与利用是人类文明进步的阶梯。

旧石器时代的石器基本上没有经过打制和琢磨，到新石器时代有了打

磨制作的玉器，到仰韶文化时期开始制作陶器，揭开了容器革命的序幕。马未都先生认为，容器的革命是推动人类文明发展的必然过程。到了新石器时代中晚期（龙山时期）开始烧制石灰。但到此为止，还只是对石头物理性质的认识和利用。

进入奴隶社会，人类学会了冶铜和炼铁，即开始了青铜时代和铁器时代。从对矿物与岩石的利用和认识深度看，已经属于对化学性质认识的阶段，表明对石头的认识已进入了利用化学成分的阶段。所以，石器时代、铜器（或青铜器）时代和铁器时代是人类文明的必经之路，也是人类文明进步在石头上的轨迹。

在青铜器时代，随着人类对石头利用的“质”的变化，从中提炼出铜、铁、锡等金属，制造出青铜的生产工具、日用品或祭祀品，才有了青铜器时代的文明和早期的祭祀文化。

纵观“人猿相揖别”的“小儿时期”石头对于人类社会发展的作用，远远不只是原先认为的“石器”一项，即使是“石头”也不只局限于常见的砂岩、石英岩和燧石之类。据专家考证，在中国史前的五六十万年间，我们的祖先已认识和利用了 21 种矿物和 30 多种岩石。这些石头是武器、“弹药”、筑房、铺路、造桥的材料，还能作画、描眉、涂脸、染色和美化生活，再进一步用石头提炼出金属，以至铸鼎浇钟、祭祀祖先。每当人们对石头的认识多一分进展，就使自己多融进大自然一分；多利用一种矿物或岩石，就使自己在文明发展的历程上迈上一个新的台阶。

崇山峻岭中的重庆古盐道

其实，在近代人和现代人的日常生活中处处闪烁着石头的影子：建筑、修路、盖房、架桥，以至各种生活用具，哪一样也少不了石头，而一些石头的利用更是留下了历史的和时代的印痕，为后人保存了当时生活的磨难和艰辛劳动的痕迹。左侧一张照片，是我国西南山区人民“吃盐难”的写照：在发展落后的中国，作为生活必需品的食盐就是从这些崎岖的山路上肩挑背驮而来；右侧照片，纤夫石上的勒痕，则是当年长江沿岸烈日下纤夫们流血流汗的记录。

一块纤夫石记录了纤夫们的血和泪（选自《中国国家地理》）

人类就是这样在应用石头的过程中走上了认识自然的道路，也使自己在进化的阶梯上一步一步向前发展；石头和由此演绎出来的石文化在人类初期发展的历史中起着举足轻重的作用。

中华文明与石文化

当前科学界和古人类学家对人类的起源尚有争议，争论的焦点是“一元论”与“多元论”。有人认为全世界的古人类都出自非洲的原始森林。但华夏大地的发掘已经证明，早在远古时期，这里就生活着一大批由猿到人的东亚人祖先，有足够的事实证明，中华大地无愧是远古文明的发源地之一。早在元谋猿人、蓝田猿人、北京猿人和山顶洞人时期，石文化的种子就在这里开花、结果，绽放出文明的火花。

这样的例证在中华大地比比皆是。譬如在距今 2 万年至 1.3 万年前的山顶洞人的遗骨旁，就发现散落有赤铁矿、绿松石、玛瑙、叶蜡石、滑石、蛋白石、玉石和动物骨头磨制的细小骨针和小串珠。研究人员指出，赤铁矿是用作染色的最原始的化妆品，绿松石、玛瑙、叶蜡石和玉石则是玩耍矿物，骨针和串珠可称为是最早的项链或手链。

在中国版图之内已经发掘了许多新石器时期石文化的遗址，如果标示在图上可以看出已经从“一鳞半爪”变成了“燎原星火”。关于这一点在下文讨论玉文化时再详细介绍。这里先举几个例子：2.8 万年前峙峪文化层中发现有石墨饰品；距今五六千年河姆渡遗址中有作为陪葬用的小石子；距今 5000 多年红山文化层中保存的雕刻精美的“中国第一龙”；距今 5000 多年大汶口文化层中的原石陪葬品和南京北阴阳营遗址的雨花石陪葬品；如此等等。还在一些地方发现了制造这些饰品的“工场”或“作坊”。如新疆南部昆仑山北坡的先民，在新石器时代就已经知道挑选质地坚硬而柔韧、润泽而光滑的和田玉磨制生产工具与装饰品。在辽东半岛发现了新石器时代的岫岩玉制作工场。在良渚文化遗址，发现了粗砂岩制作的磨砺玉料用的棒形、球形、条形砺（磨）器，以及凝灰岩制作的箭头形、片形和条形、切磋玉料用的切磋器；特别光滑的磨磋面表明，它们是用来主动磨磋（玉料）的工具。这些作坊及其各式工具，表明当时的石文化已不是个别人的“偶尔”之需，而是已经达到适应某个阶层需求的规模了。

到了公元前 21 世纪至公元前 256 年的夏商周时期，石器的使用虽然已有相当部分被青铜器所替代，但石器的制作和石雕没有衰落，而是趋向规模化。殷墟出土显示，当时已有专门用来加工石器具的工场，做工精细、造型古拙的大理石雕刻的水牛、鸮、饕餮用具相当普遍；安阳出土的磬上雕刻有颇具装饰性的虎纹。到公元前 1046 年至公元前 770 年的西周和东周，除了石鼓和马雕，还在石材上刻制文字。

南京北阴阳营的花石子

以上只是史前时期石文化的轮廓，进入神州大地的古文明时期，赏石文化的发展愈益清晰、明朗。

近年来，中国地质调查局在全国石界的支持下，完成了国家课题支撑的全国性立典工程《中国石谱》一书的编辑工作，于 2016 年年中出版了六卷本的著作。全书由《中华赏石文化史论》《中

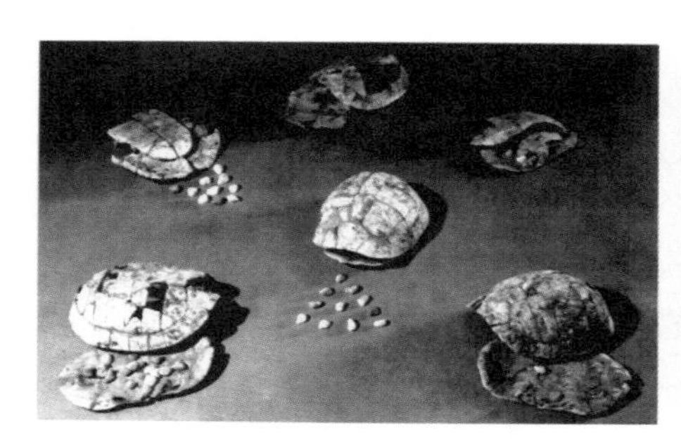
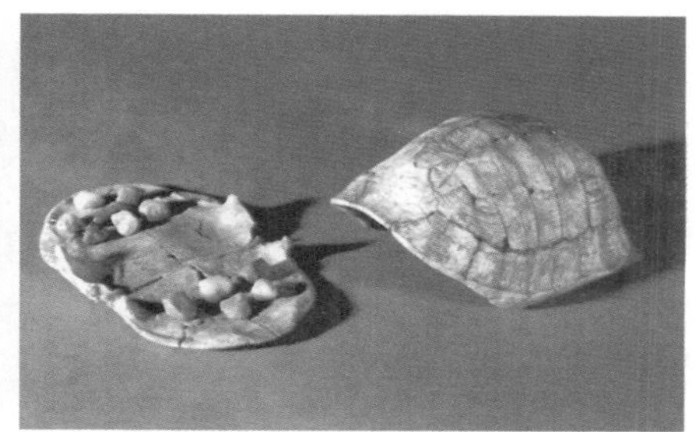

河南贾湖的卵石、金云母和龟腹石子

国历代赏石文献概论》《中国观赏石资源分布》和三卷《中国观赏石图典》组成。

书中将中华赏石文化的发展脉络简略表述为：孕育于史前的石器时代，滥觞于先秦和秦汉时代，在魏晋、南北朝、隋唐五代时期得到大力的发展，唐元时期臻于成熟，明清时期达到昌盛，清末民初进入转型时期；到二十世纪中叶，特别是改革开放后的现今，中华传统观赏石文化走进了新的复兴时期。

下面以各个时期的主要事件梗概地介绍其发展进程。

孕育于史前的石器时代

在 200 万年前的旧石器时代，华夏大地生发了石文化；在 1 万多年前的新石器时代，从中演绎出赏石文化。不过这段史前石文化和赏石文化都还有待进一步的考古发掘，有待更多的实物考证。

滥觞于先秦及秦汉两代

从夏商周到两汉的漫长历史时期中，我国赏石文化从孕育到萌芽，成为赏石文化的起始期。

（1）《禹贡》和《山海经》是这个时期的两件瑰宝。《禹贡》是《尚书·虞夏书》中的一篇，全文只用了一千余字却能全面而简要地告诉我们：当时全国的山川、河流、土壤、物产和贡赋的概貌；奇石归于“物产”和“贡赋”之中。《山海经》则是一部记述上古时期文化的独具特色的百科全书。

（2）上古时期浓厚的灵石和神石崇拜，逐渐转变为对美石、奇石的敬仰和欣赏，诱发了赏石文化之发端。先秦的“百花齐放，百家争鸣”萌发了中华民族对美石的审美意识，奠定了中华传统奇石文化的审美哲学

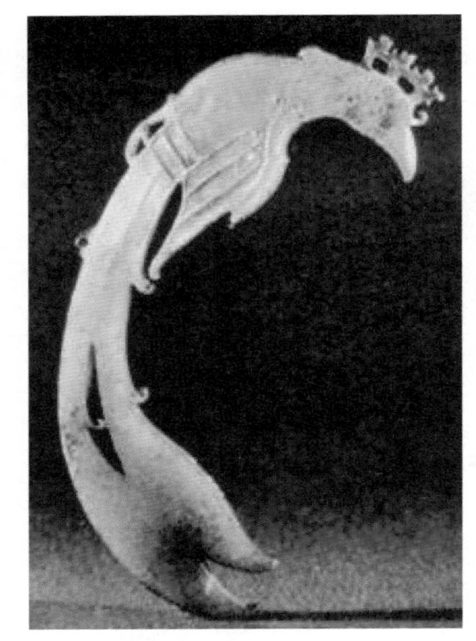

殷墟妇好墓出土的玉凤，高 13.6 厘米，厚 0.7 厘米

基础。

（3）孔子的“以德比玉”和“君子无故玉不去身”观点，奠定了赏石文化的理论基础；道家的自然观成为鉴赏赏石的圭臬。它们对中华赏石文化产生了深远的影响：由玉及石，由石及至质地、颜色和纹理。

（4）汉代在园林中的叠山垒石活动中，催生了赏石文化的外延和开拓，积淀了丰厚的园林赏石文化理论和经验。

（5）先秦至秦汉时期人们便有了认识和利用陨石的意识。

相当于殷墟时期金沙遗址的凹刃玉凿

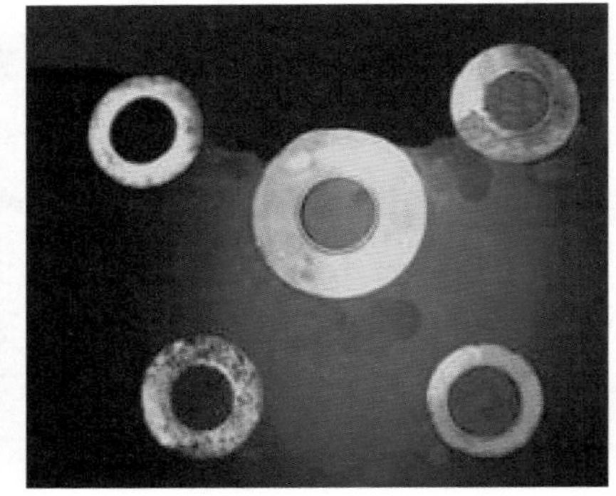

金沙遗址的玉璧

发展于魏晋—隋唐时期

到魏晋南北朝时期，以儒释道为内核的中华传统文化深刻地渗透到赏石文化中，逐渐成为以此为核心的中华赏石文化。

（1）最早的赏石活动起源于魏晋时期的文人的游山玩水活动。田园诗人陶渊明被视作玩石的“鼻祖”。

（2）开始出现以“皱、透、漏、瘦”为主要赏石特征的四大名石：太湖石、灵璧石、昆石和英石。

（3）唐代的赏石队伍由皇室扩展到士大夫阶层，赏石活动蔚然成风，成为主流社会的精英文化。

（4）晚唐时期赏石文化渐趋成熟，诗人词家留下了大量觅石、藏石、爱石、颂石的千古绝句。

（5）五代十国时期，赏石从庭院石苑转向厅堂案几。配合文房四宝开始跻身于文玩古董之列。

庐山上陶渊明的“醉石”（文甡　供稿）

成熟于宋元时期

宋代是中国封建社会的鼎盛时期，赏石文化得到大力发展。

（1）藏石、研石渐臻成熟、完善，成为与文学、诗、词、艺术、绘画、印章和雕塑等文艺形式结缘的雅石文化。

（2）奇石更多地从庭院进入书斋、案几，开始成为一个独立的艺术门类。

唐昭陵六骏之首：雄健威武的飒露紫

（3）确认了米芾倡导的“皱、透、漏、瘦”的审美标准。

（4）南宋杜绾的《云林石谱》问世，使藏石、砚山在社会主流文化中站稳了脚跟。

南宋杜绾的《云林石谱》

"米芾研山"，广西山石，高 14 厘米（枕石　藏）

明清时期

明清两代是中国封建社会盛极而衰的时期。资本主义在中国的萌芽，显现了"封建制度日趋衰落"与"江南商品经济逐渐发展"并存现象。

明清时期文学艺术在前人的基础上，铸就了中国传统文化最后的辉煌。赏石文化出现了由空前的繁荣走向"下坡"的转折阶段：园林艺术显现了空前的繁盛，皇家苑囿和私人园林的数量、规模大有发展，并在园林和观赏石的意境设计、气氛渲染方面有不少创新之意。

（1）在逐渐成熟的造园理论和经典范例的影响下，遍地开花的皇家和私家园林都达到了很高的艺术造诣。

（2）明代后期开始流行木制底座，成为赏石文化发展史上的一座丰碑。奇石开始进入文物博古之列。

（3）"园无石不秀，厅无石不华，斋无石不雅"的风气渐成时尚潮流。

转型于清末民初时期

清末至民国时期，中国正处于列强入侵、军阀混战、生灵涂炭、民不聊生的年代。一方面，战乱使赏石文化实践受到严重的抑制；另一方面，中西文化的冲撞融汇使赏石理论有所创新，成为赏石文化的一个转折期。在传统赏石文化的天人合一理念中，开始注入现代科学精神，实现由传统到现代、由传承到创新的转变。

圆明园遗址的石雕（戴杰敏　摄）

内蒙古阿拉善左旗延福寺门前精美的清代石雕（倪集众　摄）

（1）章鸿钊的《石雅》树起了一面科学赏石大旗，不仅传播了科学知识，还十分注重科学思维和科学方法的引导。

（2）张轮远主张在科学赏石的基础上参考哲学、审美、物理、矿物及考古之说；以质、形、纹、色、象形鉴别雨花石的方法和理论，在雨花石等级划分和组合方面有所创新。

（3）沈钧儒主张赏石励志的方向符合“行旅的采拾，朋友的纪念，意志的寄托，地质的研究”的原则，突显了近代爱国志士的气度、胸怀和精神追求。

走向传承与创新的中华赏石文化新常态

自我国实行改革开放政策以来，经济发展，科学昌明，生活安定，正应了民间的“乱世藏金，盛世收藏”之说，赏石文化有了空前的发展空间。

在中国观赏石协会的努力下，借助所创立的“一方石头和谐一个家庭，一方石头汇聚一批朋友，一方石头造福一方百姓，一方石头传承一种文化，一方石头弘扬一种精神，一方石头拓展一个产业”的赏石新理念，发挥观赏石的“促进人们身心健康的健民功能，提升人们人文素养的育民功能和帮助人们发家致富的富民功能”，促进中华赏石文化迅速走上传承与创新并举的康庄大道。

纵观中国石文化的发展历程，可以看出中国石文化有自己独特的风格与内容。

第一，佛教、儒教与道教都喜欢把经典著作刻制在石头上，或镌于石壁，或刻于碑碣，或凿于名山的峭崖。从汉代的“熹平石碑经”到清代的“乾隆十三石碑经”共有7部石经，北京房山石经山藏有14278块石刻佛经，泰山上有天然花岗岩镌刻的（石）金刚经，实在是一部部石头的经文书库。而历代帝王和文

2005年中国观赏石协会成立大会

人雅士也追随其后，把题词、诗词、感想、诏书、楹联刻制于石，流传于世。

第二，自史前的新石器时代伊始一直到近代，在中国很多地方都有岩崖壁画，生动地记录了渔、牧、猎、农的生产活动、喜庆生活和图腾崇拜等内容，起到了记事、载史、宣传的作用，也为我们留下了珍贵的艺术和石文化遗产。

第三，书法家结合书法、楹联、碑题与墓碑，在石头上留下墨迹，行、楷、草、隶、篆样样齐全的墨宝。全国有“西安碑林”与“黄河碑林”等十多座碑林。中国人以石为“砚”，以石为“纸”，尽情挥洒独特书法艺术之功力，在石文化中占据了一席之地。有意思的是这些石碑常常作为墓志铭，几百年、几千年以来与名人雅士、帝王将相一起长眠于地下，当代考古发掘需要查明他们的身份时，即使没有墓志铭可以告知后人，也可以参阅石碑上的书法字体，初步限定他们的生卒时代。这可能是古人们始料不及的吧！

第四，中国石文化善于融入书法、艺术、建筑文化、宗教文化与企业文化的内涵，让石刻、石雕、石碑、石堤、石桥和各种石建筑不仅有“石”之坚固，还有“美”之温柔和“艺”之品味。这也许就是石文化的魅力和它巨大的亲和力与包容性吧。

最后一点，中国人对石头的开发和利用，简直到了匪夷所思的程度。

民间把石头的热容量发挥到了极致：石头可以用来烤火、煮饭和烙饼。笔者在河南亲历过寒冬腊月老乡在自家的磨坊里烤火的情景：先在地上摆上几块河沟里捡来的大石头，然后放上烤火用的玉米秸或麦秸，点燃，烤火；在明火熄灭后继续享受石头储存的热量。山西的老乡利用同样的原理，在砂锅里的石子上可以烙出香甜而薄脆的饼子，似乎把石文化与食文化连在了一起。2007 年 4 月，笔者因为参加河南洛阳一次赏石活动，

石子上烙出的香甜薄脆的饼子（山西平遥）（温汉捷　摄）

相关链接

2011 年 5 月，山东诸城市博物馆库藏中，发现一尊重约 2 吨的北朝时期造佛像，其面部雕刻令人惊叹不已：安详自然，若有所思；一副唇厚、鼻隆、颐丰的眉慈目善像，俯视众生而显菩萨心肠般的微笑，堪称“中国第一笑佛”。达·芬奇所作的《蒙娜丽莎》，世人都说她的微笑是迷人的或神秘莫测的；仔细看看，是不是带有些许忧郁、矜持的神情而又有强作笑颜的感觉？许多人可能都疏忽了这一点：当时蒙娜丽莎刚刚失去了幼子；也许正是如此，达·芬奇为了取悦这位夫人，以他的神笔生辉“给”了她这种神秘莫测的微笑。

中国第一笑佛

蒙娜丽莎

还真正尝到一次用滚烫的石头炒出来的炒鸡蛋：厨师先把小石头预热好，当着大家的面打下鸡蛋，几分钟就炒得了。一问，原来是那些三四厘米大小、磨得光溜的椭圆形小石子起到传热的作用；那小石子竟是当地有名的“洛阳牡丹石”，上面还真的有正在绽放的“牡丹花”呢！

文化石的分类

简单地说，文化石就是一切对人类生活和社会发展有着文化意义的石头。它们既可以是天然的石头，也可以是人造的岩石，既可以是未经（或

不能经过）加工的石头，也可以是经过加工（切割和磨制）的石头；有一个条件是共同的，即必须是具有文化、欣赏、收藏、科学、实用和经济价值中的一项（或多项）功能的矿物或岩石。

这个广义的文化石定义，囊括了所有传统的奇石、现代观念的观赏石和所有石制品和石质艺术品，也包括了天然或部分人造的石头，不论其经过加工（合成、切割、打磨、抛光和琢磨）与否。

根据以上的定义，具有文化含量的石头有两种：一种是主要作为载体的石头，使之成为文化的"记录本"；另一种是本身就"含有"文化元素的石头，经过人的寻找、发挥、发现和挖掘，成为一种发现文化。

作为"载体"，石头靠人们"赋予"它文化。譬如，原始人类用来制作石刀、石斧、石臼、石磨等石器的砂岩、灰岩、花岗岩和各种片岩、片麻岩，能打击起火的燧石，以及用来作画和染料的石头，从而在改善生活和增强意识的进化过程中起到意想不到的作用。现在说这些石头有"文化含量"，是因为用它们打制的石器在不同的时代有着用途、精细度和复杂性诸方面的区别，因而可以作为厘定不同（石器）时代的"标准"。这个"标准"提高了它们的"文化程度"。这一类文化石还包括砚石、印章石和各种料石等。

靠人的智慧和文化来"发现"其文化内涵的石头，主要是指观赏石、玉石、宝石和人造的经过深加工的文化石。例如，具有较强装饰功能的人造装饰石或墙面石。

为了叙述方便，本书将有较强观赏性的观赏石、玉石、宝石、园林石和景观石归类为"雅石"。在观赏和鉴赏这一类带有观赏性的石头时，特别强调它们的天然性。宝石和玉石可以加工，这一类观赏性的石头除了特定的可以进行题名和配座的"艺术加工"外，在石体上是不能加工的。因此，笔者将观赏石的鉴赏和文化内涵，另与雷敬敷先生另行撰写《真与美的结晶：雅俗共赏的赏石文化》一书，以与读者一起欣赏观赏石的自然美、艺术美和科学美。

只要天然的石材花纹美丽，有一定的硬度、致密度和块度，都可以选作文化石的材料。经过加工，它们就是实用价值、装饰功能与观赏性兼而有之的装饰石材。

以石材或装饰板构筑和装饰建筑物，首先是讲究实效：坚实、美观、牢固、实用。在古代的文明古国和西方与我国发展较早的一些城市中，都有一些以巨大的石块垒建成的高层和大型的建筑物，尽管风吹雨打却经数百年数千年而不衰，这就是达到了“坚实”的目的；现代一些酒吧或公共场所的内墙常垒以略经打凿的原石，使声波被墙上粗凿的凹凸面产生乱反射，减少了噪音。最有意思的是笔者参观腾冲和顺图书馆时，发现它全部是用深灰色至黑色的岩石所建。它建于1928年，是全国最早、目前藏书最多的乡村图书馆。笔者询问讲解员：在腾冲这种湿热的气候环境下，何以能这么持久地保存好这么多图书？讲解员的回答让我大吃一惊，原来正是当地火山喷发的玄武岩的吸水性起到了除湿作用。

不同的场所装饰不同的板材就体现了文化石的文化内涵：红色花岗岩饰面给人以富丽堂皇的感受，装饰有深绿色玄武岩石材使建筑物

印度克久拉霍是中古时期印度教寺庙建筑和雕刻的代表作，全部由石头堆砌和雕刻而成（据李军:《世界文化与自然遗产》）

由玄武岩建筑而成的中国最早的乡村图书馆——云南和顺图书馆（周新民　摄）

用红色花岗岩建成的苏联卫国战争12个“英雄城市”之一——斯大林格勒纪念石

显得庄重而雄伟，灰白色的花岗闪长岩碑塔衬托着蔚蓝色的天空，使人油然而生一种敬仰和仰慕的心情，那雪白纯净的汉白玉给人以“六根清净”的感觉，闪着神秘蓝光的斜长岩墙面为建筑物平添了几分庄严肃穆的气氛，而含有大块火山角砾的火山集块岩或混合花岗岩的墙面和柜台，似乎会帮你消除一天的疲劳，产生一种宾至如归的亲切感……这种“身临其境”的感受，为特定的环境增添了一番特定的氛围，又多了一分艺术的享受。这就是艺术的魅力——人们从石头中挖掘出来的文化所显示的魅力。

这里介绍一下经各种层次加工而成的装饰和建筑石材。

最常见的装饰和建筑石材有大理岩、花岗岩、生物碎屑灰岩、混合花岗岩、斜长岩、火山集块岩、角闪岩和玄武岩等天然岩石，经切割和磨制或经过深加工成为装饰板和贴面板。这里所说的“各种层次的加工”既包括原石稍经打凿而成的条石，也包括仔细打磨、抛光的装饰板，以及深加工的复合型装饰板。

这种装饰和建筑石材采自天然的石材矿床，其材质坚硬，色泽鲜明，纹理丰富，风格各异。具有抗压、耐磨、耐火、耐寒、耐腐蚀、吸水率低等优点。因而耐用，不怕脏，可无限次擦洗。但装饰效果受石材纹理的限制，在加工方面难能制作成异形石材，也难以拼接。所以近年来人们采用深加工的方法，加以改造和复合，取其长而避其短，生产新型的复合装饰用材。

深加工包括对石材的切割、打磨、拼接，以及不同材质材料的复合。当前市场上有大理石分别与瓷砖、玻璃、花岗岩或蜂窝铝材的复合板、复合铜条、贝壳和不锈钢镶嵌拼板、石材，与普通拼板的水切复合拼板、不同色感石材的拼板，以及复合石材透光板等。经过深加工的天然岩石板材不仅没有降低板材的强度，还使之具有石材用量少、板薄、体积小、重量轻、硬度大和吸水率低等特点，并能按客户的需求专门设计和加

石材拼接或铜条镶嵌复合装饰板（杨琛　提供）

相关链接

这里需要辨别两组经常遇到的名词：花岗岩与花岗石，大理岩与大理石。

花岗岩是岩石学名词，是一种分布很广的含二氧化硅（SiO_2）达 70% 以上的岩石，由石英、长石和少量暗色矿物（云母、角闪石）组成。包括黑云母花岗岩、白云母花岗岩、二云母花岗岩和角闪花岗岩等。花岗岩的结构致密，硬度较大，切割、打磨后有很好的观赏性，可制作优质的装饰板材。

花岗石则是包括花岗岩、花岗片麻岩、辉绿岩和霞石正长岩等硬度较高岩石的装饰板材的商品名；其原石比单独花岗岩的范围大得多。如其中的辉绿岩和霞石正长岩是岩石成分与花岗岩大相径庭的岩浆岩；花岗片麻岩则是一种深变质的岩石，从岩石成因而言与花岗岩的成因不可同日而语。简单地说，花岗石是硬度为 6 以上的石材。

大理岩也是一个岩石学名词，是一种方解石和白云石含量占 50% 以上，由灰岩、白云岩等碳酸盐类岩石变质而成的变质岩；它含少量蛇纹石、透闪石、透辉石、方柱石、金云母、镁橄榄石、石英或硅灰石等变质矿物的变质岩。

大理石也是商品名，是指由大理岩、灰岩、泥灰岩、白云岩、蛇纹石化大理岩、镁橄榄石化矽卡岩和角岩等岩石磨制的饰面石材；它所指的岩石也比大理岩的范围大得多。它要求岩石的硬度在 5 以下。

工，适用于各种地面或墙面的装饰，这就大大提高了这一类文化石的功能和效益。

在目前提倡节约资源和可持续发展的形势下，深加工的文化石装饰板材将有可能成为一个新兴的产业。这或许就是新兴的文化产业得以发展的一种动力。

文化中的石头

人类创造的种种文化形态中决然脱离不了石头，无论是语言、文字和艺术，或者音乐、绘画和戏曲，也无论是哪一个种族或哪一个民族，所有人类创造的文化形态中都留下了石头的痕迹。

古希腊巨大的艺术宝库——德尔斐遗址（据李军:《世界文化与自然遗产》）

石头不仅是人类离不开的生活和生产上的好帮手，还是语言、文学与艺术的源泉；它给人类以灵感和启迪，使人类在度过数万数十万年的蛮荒、蒙昧时期之后，从石头中汲取营养，创造了丰富多彩、光辉灿烂的文化。特别要指出的是，不论是哪一个种族、哪一个民族，也不论是生活在地球上的哪一个角落，石文化对人类的发展和传承概莫能外。

我们在四大文明古国的文化与自然遗产中，都能看到石头在文化中不可磨灭、不可替代的作用。左图是古希腊文化的宗教、文化中心——德尔斐遗址的一部分。这里不仅有古希腊最重要的阿波罗神庙，以及在神庙中发布的、在当时影响极大的“阿波罗神谕”，还有几处重要的文化场所（剧场和运动场等）。这些古建筑无一例外地都与石头休戚相关。

在中华民族五千多年的文化中，更是显示了博大精深的石文化特色，琴棋书画、诗词曲赋、礼乐祭祀、文房四宝、婚嫁丧葬、陶瓷玉器，以至民族图腾、汉字字体的演化和民俗等，无不折射出与石文化深厚而广博的文化渊源。

文字、语言与石头

文字和语言是人类区别于其他动物的最为表征化的特征，是人类所创造的文化中最生动最高级的体现。石文化悠久的历史显示了它无穷的魅力，也使它与文字、语言诸方面有着千丝万缕的联系。

中国古代的文化创造，常常以文字记载于石头、龟甲、骨头、竹简和纸上，这些文字给我们留下了宝贵的文化遗产。但只有文字还是不行，在日常生活和交流中，人们更多的是用语言来表达思想感情和探究问题。语言的交流和文字的交流是互为依存，互为补充的。

人类的文字和语言从哪里来？这是一个尚未能完善解决的问题。从石文化角度探讨一下，或许会起到抛“石”引玉的作用吧！

语言与石头

“石”与由它组成的“山”是中国语言的源泉。

中国古代的文人雅士徜徉在山林、水溪与石丛之中，陶冶了情操，抒发出“醉翁之意不在酒，在乎山水之间也”的感叹；挥洒着中国人的聪明才智，引发出语言、文学、绘画、雕刻、音乐的灵感；使山水、石头和文化与语言、文学、艺术有了更加紧密的联系，成为中华传统文化的一个重要组成部分。

下面我们透过成语、诗歌、游记、神话、民俗和典故，看一看石头是怎样成为中国语言与文学的源泉的。

怎一个“石”字了得

“石头”二字的引申意义可谓不凡:“石骨”是指坚硬的岩石,“石镫”是指坚固的铠甲,“石心”比喻坚定的意志,“石交”形容交情牢固的朋友。它还常被作为长久、稳固的代名词，是长寿、坚强意志和高尚道德情操的象征，甚至有人将其与“岁寒三友”松、竹、梅合称为“四友”。

岂止如此！人们还拿它作各种比喻，甚至用来比喻一些“大”与“小”、“美”与“丑”之类完全反义的事物。

以石喻“稳”：安如磐石，坚如磐石，磐石之安。

以石喻“固”：石城汤池，磐石之固。

以石喻“硬”：石心木肠，木心石腹，以卵击石，心坚石穿，水滴石穿，“花岗岩脑袋”。

以石喻“大”：石破天惊，一柱擎天。

以石喻“小”：石沉大海。

以石喻“贵”：石室金匮，敲金击石。

以石喻“快”：石火电光。

以石喻“久”：石枯松老。

以石喻“惊”：石破天惊。

以石喻“美”：他山之石，可以攻玉。

以石喻“丑”：炫（衒）玉贾石，衒玉贾石。

“中流砥柱”是大家耳熟能详的一个成语，并且显然与石头有关。确实，这块“砥柱”就是黄河三门峡大坝下方激流中的一块巨石。它以露出水面两丈多高的雄姿蹲踞于“天上”而来的黄河之中。洪水季节它迎着一个接一个的滔天巨浪，力挽狂澜于倾倒而巍然屹立，千百年来，就这样屹立于惊涛骇浪和狂风暴雨之中，因此，自古以来就被喻为中华民族刚强无畏精神的象征。笔者有幸得到一张西藏林芝地区尼洋河中游的一块类似中流砥柱的照片。那里也是山高沟深，河水湍急，这块巨石就兀然屹立于河流峡谷的江水之中。原来以为这可能是一块新发现的中流砥柱，只是借用一下“名气”而已；殊不知上网一查，才知道它不仅“由来已久”，而且是

西藏林芝地区的“中流砥柱”（尚滔　摄）

一块“神石”：原来明朝时就有人在巨石上建了一个名为“跨鳌”的亭子，并勒石“砥柱中流”四字；而这块砥柱恰好背靠神佛山，藏族民间相传它是工布地区的守护神——工尊德姆修炼时的座椅。

“他山之石”源自杨炯（唐）的“托无愧之铭，跋涉载劳于千仞；访他山之石，东西向逾于万里”。“他山之石，可以攻玉”和“他山之石，可以攻错”（或为“他山攻错”）这两条成语经常用来比喻“以他人之长补己之短”：“攻”是“琢治”，“错”即磨石。把“别的山上的石头琢磨成玉器”转意为“以别国他地的贤才作自己的辅佐”，后来又转意为能帮助自己改正错误的、弥补不足的外力。

叩击石头可以发出声音，而且有的声音还相当清脆悦耳。“敲金击石”就是指敲击钟、磬等打击乐器，演奏音乐，形容声韵铿锵。古代就知道安徽灵璧县出产一种击之有“玉振之声”的石头，这种石头就是著名的灵璧石，“玉振之声”的成语因此诞生。看来这条成语的“年龄”还不小，在孔子老家就有一座镌刻有“金声玉振”四个大字的牌坊。

“穿云裂石”的成语则是拿石头来反衬声音：试想，“穿入云霄，震裂石头”的声音岂不高亢嘹亮！

有些成语的比喻似有让人一头雾水之嫌，因为有的意思“转移”得太多了，需了解原文的典故才能明白原意。如“以石投水”。《列子》曰：“白公问孔子曰：‘人可与微言乎？’孔子不应。白公问曰：‘若以石投水，何如？’孔子曰：‘吴之善没者能取之。’”意思是说若要隐蔽，就要像投入水中的石头那样，会被人拣出来的。后以石投水比喻互相投合。“枕石漱流”是说以石为枕头，用流水漱口，表示不食人间烟火，隐居山林。“木石为徒”是指与木头、石头结伴，也表示这个人与世隔绝了。“流金铄石”是形容天气酷热：金石皆为之熔化，还不教人酷暑难忍？类似的成语还有“焦金流石”与“焦沙烂石”等。但是有一条成语“焦熬投石”好像“结构”上与之类似，可是它是说“用熬焦的东西投掷在石头上”，用来比喻自取毁灭。

有些与石头有关的成语现在大家都比较明白它的意思，如“水落石出”是比喻事情真相大白。可是典故的原意却只是一种叙述态，是“水落下来了，石头露了出来”的意思，并没有其他引申之意。这个典故的原文出自欧阳修的《醉翁亭记》：“野芳发而幽香，佳木秀而繁阴，风霜高洁，水落

孔庙里的金声玉振牌坊（倪集众　摄）

而石出者，山间之四时也。”从上下文的意思看，并没有“让真相大白于天下”之意；可是作为一个成语，现代的理解确实与原意已大相径庭啦。

所以，引用成语要深刻理解它的含义，用起来才能得心应手，要知道它的来龙去脉，才能用得恰到好处；这就要求有丰富的语文知识、文化知识和科学知识。有一条成语曰“矢石之难”，是什么意思？就必须知道“矢石”为何物，原来“矢石”是作战的武器箭和礌石，是守城的主要武器。《左传》记载：“荀偃、士匄帅卒攻偪阳，亲受矢石。”《水浒》《三国演义》中也有许多以石头为武器的战例。抗日战争的地雷战中，山东海阳民兵创造出30多种石雷，打得鬼子胆战心惊，闻雷丧胆，让来犯的日本鬼子受够了“矢石之难”。

乌江的“石雷”，20厘米×20厘米（周伟　藏）

“石”在成语中用得最多的还是比喻石头之硬。譬如，“水滴石穿”，是说一滴水的力量很小，没有什么了不起，但是长此以往的水滴和水冲，坚持不懈地滴，持续不断地冲，再硬的石头也要被滴穿的；这是语言上的“隐含法”，说明“集细微之力，可成难能之功”。

“心坚石穿”这条成语也有“水滴石穿”的意思：只要心意坚定，石盘可以钻穿，比喻任何困难都是可以克服的。南朝人所著的《真诰》中曰：“昔有傅先生者，其少好道，入焦山石室中，积七年，而太极老君诣之，与之木钻，使穿一石盘，厚五尺许，云：‘穿此盘，便当得道。’其人乃昼夜穿之，积四十七年，钻尽石穿，遂得神丹，乃升太清，为南岳真人。”“心坚石穿”遂成为一句成语。

“以卵击石”和“以碫投卵”两句成语是直接法比喻石头之硬的典型。前者是说自不量力者竟敢拿鸡蛋袭石头，岂不是自取灭亡！“以碫投卵”则是反过来以“碫”（磨刀石）砸鸡蛋、鸭蛋，表示以强攻弱，必无完卵。

由直接法比喻“硬”又可转意和引申出与之相近的其他意思。如由“硬”引申为“坚固”：“石城汤池”（汤池指护城河），比喻防守坚固的城池；由“硬”引申为“木心石腹”，是指铁石心肠，形容冷酷无情；由“硬”转意为“坚定”：“石心木肠”，比喻意志坚定，不受外物的诱惑；由“硬”转到“持久”和“永远”：“海枯石烂”（或“石烂海枯”），表示时间的久远，多用作誓言，表示任你多长的时间，意志已定，永不变心。“石枯松老”也是表示历时极长的意思。

“石”还能转意为“珍贵”。如“石室金匮”是指古代国家收藏重要文书之处。

成语中的“石”，常常是先以石代山，再表示山之雄伟，山之顶天立地的豪气。这样的成语以“石破天惊”和“一柱擎天”为代表。“石破天惊”（或“天惊石破”）出自李贺的《李凭箜篌引》中“女娲炼石补天处，石破天惊逗秋雨”句；本是形容箜篌高亢激越之声，有惊天动地之势，后转为使人震惊、震撼之意。“一柱擎天”出自屈原的《楚辞·天问》中的“八柱何当”句。王逸注：“言天有八山为柱。”后来《唐大诏令集》曰：“卿五山镇地，一柱擎天，气压乾坤，量含宇宙。”表示一种磅礴的气势。

既有以石喻“大”，便派生出“大而稳”“大而坚”的含义。如“安如磐石”（像磐石那样安稳）“坚如磐石”“磐石之安”“磐石之固”等；由此转而以石比喻稳妥。如“十日画一水，五日画一石”。此语出自杜甫的《戏

题王宰画山水图歌》:“十日画一水，五日画一石。能事不受相促迫，王宰始肯留真迹。”比喻画家精心构思，不随便下笔，显示一种严谨、稳重的画风。

实际上，石不能与山比，石要小得多，所以常以石喻“小”。如“石投大海”（或“石沉大海”）说的是一颗小小的石子丢进偌大的大海后，便什么也看不见了；以此比喻某人干一件事却毫无结果，得不到反馈的信息。

中文还有一些成语虽然不带“石”字，但与石有关,“针砭时弊”和“五毒俱全”即是两例。

成语“针砭时弊”出自《后汉书》，原意是发议论品评人物和社会现象；现代常用于文雅地表达“说长论短”:“针砭时弊，月旦社会”就是抨击时弊，谋求社会进步之意。

但是，你一定会说：这条成语与石头“搭”什么“界”啊！

原来,“针”和“砭”都是古代中医的“针、砭、灸、药、按跷、导引”六大疗法之一。砭术源于石器时代：针者，以针刺也；砭者，以石刮之。砭石是具有某种物理特性的石头，可以用来施以治病疗症。以石治病的方法最早见于《黄帝内经》。用针刺治病的医术称为“针”，用砭石治病之术称为“砭”。

用作砭石的岩石是常见的灰岩，但不是任何一种灰岩都可制作砭石的。它必须达到如下要求：碳酸钙（$CaCO_3$）化学成分相当纯净，碳酸钙矿物的颗粒大小应适宜，不仅要达到微晶级的标准，还要十分均匀，矿物颗粒之间没有过多的杂质（特别是泥质成分不能多）；这样的灰岩实际上就是要达到“磬石”的要求，磬石是击之能发出磬音的石头。《尚书·禹贡》一书中指出，当时有名的磬种灰岩有泗滨浮磬（石）、徐州吕梁磬（石）、太湖磬（石）、安徽灵璧磬（石）、华原磬（石）和贵州河滩磬（石）等数十种。

砭石

“五毒俱全”是又一个与石头有关的成语。这是一帖由五种本来无毒的矿药制作的“以毒攻毒”的良药。可是，语言中的“五毒”却是人人避而远之、唯恐沾上一点点边。原来生活中“五毒”常常被理解成“吃、喝、嫖、赌、抽”

或者“坑、蒙、拐、骗、偷”。这“五毒”虽然冤枉了石胆、丹砂、雄黄、礜石和慈石这五味良药，却真正击中了人世间那些“吃、喝、嫖、赌、抽”五毒俱全者的要害，警示人生。

玉之纯洁

首先，“玉”字是“王”字加一点；“王”本意就是“大”，“溥天之下，莫非王土；率土之滨，莫非王臣”是古人一贯的理念，还有什么比“王”还大吗？但是，偏偏“玉”比“王”还多“一点儿”，其用意可想而知。

在中国人的观念中，“玉”是石中洁白无瑕和美丽的象征。“玉洁冰清”常常被用来描绘清净纯洁、刚直不阿的人。形容少女修长漂亮，就说她是“亭亭玉立”，而形容男子气宇昂然，则说他是“玉树临风”。

中国语言中“玉”字是一切美好、美丽、完美、靓丽，以至“至高无上”事物的前缀和敬辞。这样的词汇真是太多太多了：“玉辇”指帝王的座驾，“碧玉”代表柳枝条，“玉楼”喻闺阁或华丽的楼宇；“玉女”即为佳人，佳人的容貌则为“玉容”“玉貌”和“玉色”，雍容有节的步伐称为“玉步”，莹泽的肌肤或敬称别人健康的身体则称“玉体”，漂亮的照片或敬称别人的照片是“玉照”；天庭里至高无上的皇帝称为“玉皇大帝”，玉帝和天神们居住之处或人间的帝王的朝廷、宫室敬称为“玉台”，道教则把玉帝居住之处称为“玉虚”，并以“玉池”喻“口”，“玉楼”喻“肩”；“玉玺”则是帝王至高无上权力的代表——印章的代名词……

总之，一切美好的事物都要加上“玉”字。例如，“玉轮”（皎洁的月亮）、“玉帘”（漂亮的窗帘或门帘）、“玉帐”（征战时主将的帐闱）、“玉宇”（神仙居住之地，或泛指明净的天空）、“玉兔”（月亮中的“白兔”）、“玉声”（帝王之言、清雅和谐之声，或对别人言辞的敬称）、“玉笋”（比喻人才济济，或秀丽耸立的群峰）、“玉成”（成人之美）、“玉龙”（形容下雪，或比喻舞动的剑），甚至质量上乘的宣纸或胶版纸也专称为“玉版宣”或“玉版纸”。

但是也不要一看见“玉”字，就是“好”的意思。“玉人”一词就是一个例外，或者说有“一半”例外；其中的“一半”是指夏商周奴隶社会把从事玉石制作的奴隶称为“玉人”。《周礼·考工记》中记载，在那个时代王室设有“玉作”——制作玉器的作坊专门管理在那里劳动的奴隶，这些奴隶就是“玉人”，直接的意思是“制作玉的人（奴隶）”。它的“另一半”

含义已经没有“制作玉的奴隶”的近代或现代人的理解：夸奖小女孩儿漂亮，就说“长得好漂亮，像玉人似的”;《西厢记》里就有“拂墙花影动，疑是玉人来”的诗句。

自古以来，宝玉石在文人的眼中就是美好的代称，是品德、礼仪与权力的标志。据说，许多有关玉的成语在汉代之前就有了：如“金玉满堂”出自老子的《道德经》;“玉石俱焚”出自《尚书》；还有“冰清玉洁”“金科玉律”和“金相玉质”等成语都相传了两千多年。从那以后，说话、写信表示尊敬都带上“玉”字：如“玉体安康”“玉纸收悉”等。一个“玉”字常常成为敬语的“代用品”，人际间互相来往，一个“玉”字表达了几多尊重、敬仰之意。有这样一封典型的带“玉”字的信：“某某先生台鉴：玉书收悉，久觅玉音，不胜感激致至。知悉玉体安康，甚为欣慰……拜托之事盼能促其玉成”云云。

据查,《辞海》和《辞源》中以“玉”字组成的词汇、成语、术语条目，竟达 370 多条。譬如《诗经》的《卫风·淇奥》中唱道:“有匪君子，如切如磋，如琢如磨。”意思是:“这么帅、这么有文采的谦谦君子，真像是治玉那样琢磨和切磋出来的啊。”原来，当时是以“切磋”和“琢磨”这种治玉的方法比喻高尚的人品，后来才转意为探讨和磨炼之意。

有趣的是常常把玉从岩石中分出来，以玉和石相比：以玉为美，以石为丑。如“玉石俱焚”，意思是说不论美丑、善恶、好坏，都同归于尽。“炫玉贾石”（或“衒玉贾石”）意为卖玉的人嘴上喊的是“美玉，美玉”，卖出去的却是石子，比喻弄虚作假；普通的石头相对玉来说成了打假的对象，颇有褒玉贬石之嫌。

从“涂鸦”到文字

纵观中国汉字的形成和发展，殷墟发掘的 3000 多年前的甲骨文，已经具备了“象形”“会意”“形声”“指事”“转注”和“假借”的造字法特征，并广泛应用于记事、问卜、政治、军事、文化、习俗、天文、历法和医药，彰显了汉字的独特魅力，也让人看到了从符号到甲骨文的成字历程；只是各家对从各种符号到“比较完整的文字体系”，再到甲骨文的演变时间尚有争议。相信通过进一步的研究，会有一个大家都能接受的结论。

有人认为，世界上的其他文明古国，如公元前3500年苏美尔出现的刻画在石头或软泥版上的图形文字，可能是后来的楔形文字的雏形；埃及的象形文字则出现于公元前3000多年。

现在看来，无论是汉字，还是埃及的圣书字、古代苏美尔文字或原始埃兰文字和克里特文字，虽然都有各自独立的发展行程，但出现的时间相近，演变的途径类似，“祖师爷”都应该是刻录在石头和石器上的符号。艺术家那句“绘画是早期人类艺术思维的表达”的话，也从另一个角度旁证了文字最早有可能就是岩画和陶器上的符号。

还是以我们最熟悉的汉字为例吧！“石”字实际上就是一个象形字：左边犹如“岩”之一角，右边是一“石块”；其本意为“山上之石”。《说文解字》中释曰：“石，山石也。”在“厂”之下，“口”象形。《释名》中明确指出：“山体曰石”。

从汉字的偏旁和发展特点来看，汉字的“石”字有两点可以反映与石头的关系。一是作为方块字的汉字，偏旁是其表意的元素，“山”“石”“水”“土”都是汉字的重要偏旁。石字偏旁的“硅”“硒”“碳”“碲”“硫”“碘”“磷”“硼”“砷”和“砹”等，都是非金属元素，而“矸”“矾”“砚”“砣”“础”“碱”“硬”“碰”“矿”和“磊”等字，要么是说它们的质地是石质的，要么它们都与石头的性质、功能、作用有关。一些动词，如“砍”和“斫”都与旧石器时代用石头制成的“砍斫器”有关；尽管现在“砍”“斫”一样东西时，可能大多是用铁制品，但是表达此类动作的词汇还是留有石器时代的“遗风”。

玉是一种美石，是石的一个组成部分。说起“玉”字的出现和发展也颇有兴味。甲骨文中的“玉”字与“王”字没有什么区别：都是“三横一竖”。小篆里的“玉”和“王”不注意还以为是一个字呢！两个字都是“三横一竖”。但专家指出，其实这两个字是不一样的：三横之间不等距（中间一横稍靠上）者是“玉”字，三横等距时则为“王”；不在乎下面一横上有没有“一点”。这是不是表明最早的“玉”有“石之王者”之意？就不得而知了。其实现在斜玉旁的字，除了“璧”“玺”“莹”“璺”（纹字之繁体）等少数几个字外，实际上也省去了那“一点”。但是，百分之九十的斜玉旁的字都多多少少与玉有关。举个例子，《诗经》中唱曰：“投我以木李，报之以琼玖”“投我以木桃，报之以琼瑶”；“琼玖”是仅次于玉的黑色美石，“琼瑶”即为美玉。此外，“珅”“球”也是一种美玉；像“玛瑙”“琥珀”“玻璃”“珍珠”“玳瑁”和“珊瑚”等由斜玉旁的字组成的词，多少也都与玉沾亲带故。最有意思的是“理”字，它的原意是“治玉”，即制作玉器者，后来才衍生出“治理”的含义。类似的字还有“琢”字，开始可能主要用于雕琢玉石，后来扩大到所有可以雕琢的实物（包括石头、木头和泥质物等），后来再行转义，可以用脑而不只是用手琢磨一些抽象的“问题”和“事情”了。

文学中的石头

有了文字和语言与石头的这种密切的“亲缘”关系，文学中的石头就如鱼得水，一切与石头有关的器物、人物、故事，甚至感情，都深深地融入了诗、歌、词、赋、戏曲和几乎所有的文学形式之中，成为文学家、诗人、词人、散文家，甚至民间传说中得心应手的“武器”，成为用来增添文学趣味的“常客”。

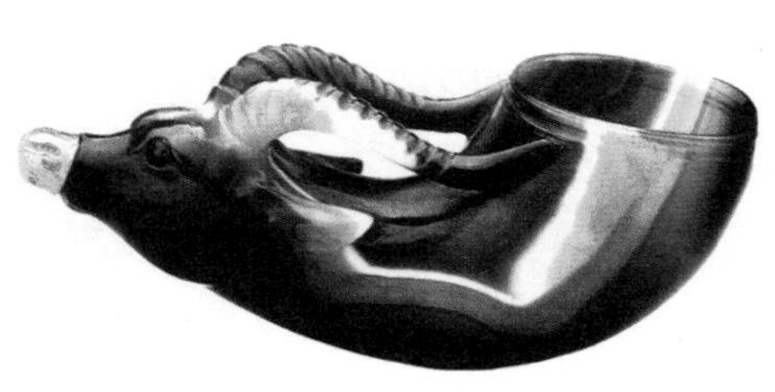
唐代俏色玛瑙雕件（陕西历史博物馆藏）
（选自《国宝》）

文学家把各种精美的石头雕刻引入文学作品是有其丰富的生活体验和社会基础的。因为中国古代的艺术雕件不仅艺术性强，而且石种多样。左图这件唐代的俏色玛瑙刻件，其工艺之精湛，俏色之巧妙，恐怕现代人也难以望其项背而自叹弗如……

《石头记》里石头多

一说到石头与小说，人们自然会想起别名为《石头记》的《红楼梦》，书中第一回就有贾雨村的吟联“玉在匣中求善价”，说的就是《论语》中的典故：美玉藏在匣子中待价而沽。真是开宗明义，一下子就点出了这部作品与石头和美玉的关系。接下来介绍了贾宝玉“衔玉而生”的那块通灵宝玉的来历：原来它是女娲炼石补天所剩的一块石头，“自经煅炼”成为已通灵性的宝玉，由此造就了中国古典小说艺术的最高成就——《红楼梦》。

看《红楼梦》中的那些人物，不但主角们——宝玉、黛玉、宝钗、贾珍、贾珠、贾琏的名字与玉有关，连丫鬟们的名字也与石头沾亲带故。你看，“琥珀”“玉钏儿”“珍珠”不都成了丫鬟们的名字？难怪人家说曹雪芹在书中贯穿的主题和灵魂就是“玉”：是一个“玉”字引出了这曲旷古怆然的悲歌，是一个“玉”字演绎出一部传诵千古的不朽之作；一个“玉”字也正是作者所倾注的全部情感、品德、理想和期盼。

宝玉石是带有浓重石头味的女主人和丫鬟们最钟爱的首饰。第三回凤姐一出场，只见她头上戴的是“金丝八宝攒珠髻”，脖子上挂着“赤金盘螭璎珞圈”，裙边镶着“双衡比目玫瑰佩”：好一个珠光宝气的凤姐！其他如北静王的“碧玉红鞓带”，贾琏的“九龙佩”，史湘云的“绛纹石戒指”都为人物添了光增了彩。连那个刚刚15岁的真真国女孩，也是以“满头戴的都是珊瑚、猫眼儿、祖母绿”出场，曹雪芹所营造的珠光宝气气氛几乎是无处不在。曹雪芹在书中首选的家具和用品几乎都与石头有关。譬如“紫檀架子大理石的大插屏”、“花梨大理石大案”、“以大理石镶下座”的屏风、“白玉比目磬”，以及琥珀杯、玛瑙碗、白玛瑙碟、海棠冻石蕉叶杯与翡翠盘。它们都是些以高超的镶嵌、镶边、雕、刻而成的佩、璜、玦、珏、玉钏、鼎、杯、盘、碟、珩、如意和九龙佩。简直是清代鼎盛时期工艺美术品的一次展览会，扬尽了“贾不假，白玉为堂金作马”的贾家气派。

由此联想到专门家及其群体问题：在文化、艺术和科学领域，大多是一个门类、一门学科，或者一个特定的领域，有一些专门从事研究的人被称为“专家”。如科学家、物理学家、化学家、作家、画家、舞蹈家和汉学家等，罕见有一本书就能造就一大批专门家的；而这部与石头有着千丝万缕关系的《红楼梦》，却有那么多人愿意为之付出毕生的精力去研究、探索，并由此产生了一批“红学家”。这不能不说是文化界一种奇特的现象，也折射出深藏于艺术、文学和科学之中的文化魅力。

中国四大古典巨著之一的《西游记》也与石头有不解之缘：这么一个神通广大、生来就有十八般武艺的齐天大圣是从哪里来的？答曰：石中裂出。表达了作者施耐庵对自然界无穷力量的一种崇敬和崇拜意念。

仅此两例，已足以说明石头在中国古代文学家心目中的地位。

诗词中的“抛石引玉”

人们常说：诗言志，词达情。中国古代文人尤喜通过石头、山和水，来表达自己的“志”和“情”。

《诗经》中唱道：“我送舅氏，悠悠我思，何以赠之，琼瑰玉佩。”可见在那个时代“琼瑰玉佩”就是送给最亲近者的最好礼物。

《孔雀东南飞》中描写刘兰芝“足下蹑丝履，头上玳瑁光。腰若流纨素，耳著明月珰”。这玳瑁发簪和明月珰（玉制的耳环）就是装饰品。曹植在《洛神赋》中描写的洛神是“披罗衣之璀粲兮，珥瑶碧之华琚。戴金翠之首饰，缀明珠以耀躯”。《长恨歌》中的杨贵妃又是那样的风姿绰约：“花钿委地无人收，翠翘金雀玉搔头。”这些描写真是处处透出一身的珠光宝气啊！说明古人既对金银有兴趣，也格外青睐玉石，统统拿来用作首饰。

自两汉特别是自晋以来，石与山、水大量涌入了文学作品。玉石的描写不仅大大提高了作品的文学品味，也反映了当时社会的文化理念。

在中国历史上，大唐文化最具代表性。不仅唐诗堪称中国文学的瑰宝，绘画、建筑、书法、雕塑、陶瓷也都达到鼎盛时期，而且它们与石头都有一定的关系，从而将石文化推演到一个崭新的阶段。从现存浩如烟海的唐诗看，无数以美玉喻佳人、喻环境、喻器物的优美诗句脍炙人口，折射出大唐文化鼎盛时期石文化的灿烂光辉。

试录若干诗句于下。

杜牧《寄扬州韩绰判官》句：“二十四桥明月夜，玉人何处教吹箫。”

王维《洛阳女儿行》句：“谁怜越女颜如玉，贫贱江头自浣纱。”

王维《洛阳女儿行》句：“自怜碧玉亲教舞，不惜珊瑚持与人。”

李白《怨情》句：“美人卷珠帘，深坐颦蛾眉。”

刘禹锡《刘驸马水亭避暑》句：“琥珀盏红疑漏酒，水晶帘莹更通风。”

李白《行路难》句：“金樽清酒斗十千，玉盘珍羞直万钱。”

王翰《凉州词》句：“葡萄美酒夜光杯，欲饮琵琶马上催。”

杜甫《丽人行》句：“绣罗衣裳照暮春，蹙金孔雀银麒麟。”

王勃《滕王阁诗》句：“滕王高阁临江渚，佩玉鸣鸾罢歌舞。”

张若虚《春江花月夜》句："玉户帘中卷不去，捣衣砧上拂还来。"

笔者特别欣赏陆游《闲居自述》中的"石不能言最可人"句，所以拿它作为本书的书名。陆放翁的诗句，拿"不能言"的石头与几乎是"人见人爱"并能"解语"的花儿相比，一下子就突出了石头的可人之处，体现了他对石文化体验的最高境界。

下面以苏轼对"雪浪石"和"壶中九华"传奇性的赏石文化阅历，看看文人雅士们在文化方面的贡献。

奇石欣赏在我国古代的士大夫阶层中有着广阔的市场，特别是在唐宋两代许多著名的诗人词家和文学家，都是奇石界的"行家里手"。李白、杜甫、白居易、苏轼和柳宗元等诗词大家和文学家都是其中的佼佼者。

苏轼是我国诗歌创作领域自李杜以来杰出的现实主义、浪漫主义继承者，在诗词、散文和书法诸方面，也都有其独特的创新和成就，堪称文学艺术的全才。他的文汪洋恣肆，明白畅达；他的诗清新豪健，善用夸张比喻，在艺术表现上独具一格，为宋诗继唐诗以来的新发端；他还擅长颇具自创新意的行书、楷书，用笔丰腴跌宕，有天真烂漫之趣；他的画形同文字，喜作枯木怪石，以神似夺先，笔力纵横，穷极变幻，不乏浪漫主义色彩。

在中华传统文化历史上，苏轼还是一位热心的山石和盆景爱好者，除了收藏、鉴赏和欣赏奇石外，还写下了大量的爱石诗文，为我们留下了一大笔山石文化、园林文化和盆景文化的财富。在现存的三四千首苏诗墨宝中，不乏众多的爱石诗词和散文。在他肇始于青少年时代的喜好山石之余，24岁开始便写出了第一首爱石诗。随着赏石的日增月涨，《天竺惠净师以丑石赠行》《咏怪石》《壶中九华诗》《双石并序》《雪浪石》《咏山玄肤》《欧阳少师令赋所蓄石屏》《书画壁易石》《杨康功有石状如醉道士为赋此诗》《怪石供》《后怪石供》《赠常州报恩寺长老红玛瑙石诗》《仇池石》《雪浪斋铭》等，一篇篇赏石心得随手"抛出"。

先生真可谓赏石专家，所赏之石范围极广，所颂之石的诗文几乎涵盖了当时已找到和定名了的所有奇石石种：近山形石、远山形石、纹样石、象形石和玛瑙石等无所不包；最值得推崇的是他还热心于寻觅新石种，命名新类型，"雪浪石"和"壶中九华"是其中最著名的两例。

苏轼在《雪浪斋铭》中写道：予于中山后圃得黑石白脉，如蜀孙位、

河北曲阳雕刻学校校园里的一块雪浪石，宽约 2 米，高约 1.5 米

孙知微所画石间奔流，尽水之变。又得白石曲阳，为大盆以盛之，激水其上。那是北宋元祐八年（1093 年），诗人再度外任为定州知事兼河北西路安抚使。是年九月间，东坡先生于中山（今河北定县）官舍后园圃古榆树下采得一奇石，在深黑色的基底上翻腾着一条条白色宛然雪浪似的脉理，遂命名为“雪浪石”，并在新命名的“雪浪斋”书斋里，写下《雪浪斋铭》和《雪浪石》诗。有宋代杜绾在《云林石谱》中所载为证：“中山府中出石，炭墨燥而无声，温然成质，其纹多白脉。”苏轼在《雪浪石》诗中写下“画师争摹雪浪石，天工不见雷斧痕”的诗句，正是导出了这种观赏石的成因：地质学证明，雪浪石是一种深变质岩的产物，它们都是“年龄”在二三十亿年左右的地球上的“老寿星”。

晚年的苏轼更是酷爱石玩。宋绍圣元年（1094 年），在流放广东惠州返归汴京途中，过江西九江湖口时，见李某家有一奇石，爱不释手欲花重金购入，但想到自己是戴罪之人而断念，遂将其名为“壶中九华”，并作《壶中九华诗》聊以自慰：“清溪电转失云峰，梦里犹惊翠扫空。五岭莫愁千嶂外，九华今在一壶中。天池水落层层见，玉女窗明处处通。念我仇池太孤绝，百金归买碧玲珑。”诗中的“壶”是指神仙壶公之壶；“九华”是指池州青阳县的九华山，作者以其比拟李某所藏之奇石；“云峰”和“翠扫空”都是描写九华石（作者曾有诗云“便觉峨眉翠扫空”。今见九华石之奇绝，便联想起家乡的峨眉山）；“天池”两句中，上句指石形玲珑宛转，下句说石宛若窗棂；“念我”句中的“碧玲珑”依然是指九华石。

不料八年后的归途中，东坡先生又来到湖口李某家探寻此石。当得知已转手他人，深感遗憾和失落，便又赋诗一首：“江边阵马走千峰，问讯方知冀北空。尤物已随清梦断，真形犹在画图中。归来晚岁同元亮，却扫何人伴敬通。赖有铜盆修石供，仇池玉色自璁珑”。诗中的“尤物”仍指壶中九华石；“元亮”是五柳先生陶渊明的字；“敬通”为东汉冯衍的字。遗憾的是，在作此诗后不久，1101 年苏轼在常州离开了人间。呜呼！一代天才在痛惜不能再见壶中九华石的遗憾中走完了他爱诗爱石的一生。

白居易以他的《双石》诗生动地描绘了两片“不似人间有”的双石：“苍然两片石，厥状怪且丑……万古遗水滨，一朝入吾手……老蛟蟠作足，古剑插为首。勿疑天上落，不似人间有。”

李白以《望夫石》为题，情景交融地道出了古代妇女之苦：“仿佛古容仪，含愁带曙辉。露如今日泪，苔似昔年衣。有恨同湘女，无言类楚妃。寂然芳霭内，犹若待夫归。”

清代高其倬以十幅大理石画为题，咏叹天然“石画”层峦叠嶂中的无穷乐趣，其中《山雨初霁》诗写得活灵活现：“林角才闻布谷声，东风早已促春耕。吹来朝雨仍吹去，更放前山一崦晴。”

白居易的《太湖石》：“烟翠三秋色，波涛万古痕。削成青玉片，截断碧云根。风气通岩穴，苔文护洞门。三峰具体小，应是华山孙。”

苏味道的《咏石》：“济北甄神贶，河西濯锦文。声应天池雨，影触岱宗云。燕归犹可候，羊起自成群。何当握灵髓，高枕绝嚣氛。”

于谦的《咏石灰》：“千锤万凿出深山，烈火焚烧若等闲。粉身碎骨浑不怕，要留清白在人间！”这首于谦 12 岁时写的诗，咏的是“石灰”，实际上是在歌吟石灰岩：说它经得起烈火的焚烧，成为纯白的石灰。后来他官至兵部尚书加少保，实现了少年时的雄心壮志，确实像石灰岩一样把清白留在人间。

诗人们就是这样以自己的才华，或唱颂或寄语大自然中各式各样的石头，表达自己的“志”和“情”。中国古代的文人善于通过喻物咏志和借物抒情的方式，把自己对自然的美感转化为精神，升华了审美的意识。

刘禹锡的《石头城》很有点代表性。他在诗中写道：“山围故国周遭在，潮打空城寂寞回。淮水东边旧时月，夜深还过女墙来。”南京在三国时名为石头城，后有六朝古都之称。诗家评述：诗人随手拈来山、城、水、月等常见的意象，别具匠心地组合成“意象之城”，探究城与人之间历史的奥秘，讲述一个关于历史沧桑和城市盛衰的故事。站在石头城上，他发出无限感慨：石头城啊！你以你的存在昭示世人，权势不足恃，富贵不可

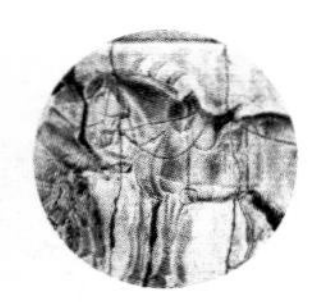

骄。这是在忆城，更是在歌颂万古不化的“石头”和以石头为自豪的“石头城”。

可以说，通过诗句，让人们感悟到石头之“灵”孕育了炎黄子孙坚忍不拔的精神，石头之“神”培育了中华民族不屈不挠的灵魂。

有心的读者还可以从浩瀚的中国古代诗书中找出许多歌颂石头及与之有关事物的诗。依笔者之愚见，纵观中国古代的山石诗，可以看出有如下一些特点：借山石言志、抒情；意境清远，清新蕴藉，韵味深厚；描写的对象除了山与石，总是连带有水，咏山颂石吟水使这些诗成为“山水诗”。这一特点似乎与中国的国粹——山水画相映联袂，颇有异曲同工之妙。

近代与现代的中国作家继承了古诗的传统，也有许多咏石、赞石，甚至拜石的诗文。

咏石者当数郭沫若的《石颂》篇:“拳拳者何，有圣者相。表里如一，为寿无量。天地低昂，不随俯仰。无臭无香，不声不响。无用有用，人不能离。为地之骨，为家之皮。当其无用，屹立不倚。仁者见之，仰为型仪。当其有用，任人转徙。粉身碎骨，无所吝鄙。勿谓无生，心中有火。牛角敲击，可焚巨柯。勿谓无知，有理有文。创世之纪，是为典坟。圣哉圣哉，石谁敢当？无怪农民，以驱方良。”郭老用最简单的四字句歌颂了最常见、最可爱的石头，用最朴素的语言表达了对石头最崇高的敬意和赞誉。

拜石，也就是以石为友，以石为师，像石那样做社会有用之才，学石那样有勤思朴实的品德和自强不息的顽强意志，以铺路石的精神担当起社会责任。拜石者当首推著名学者赵朴初。他的一首《拜石赞》称得上是对石头的千古传颂:“不可夺，石之坚，天能补，海能填。不可侮，石之怪，叱能起，射无碍。其精神，其意志，俨若思，观自在。友乎师，石可拜。”诗中有女娲补天的故事，有精卫填海的典故，有《孟子·万章下》中“顽夫廉，懦夫有立志”的喻意，还有李广误石为虎射典故中“石”的反用。原来赵朴老的慈母即以“拜石”为号，先生以此重温慈母的教诲，感激慈母教导之情，感谢家乡的山水养育之恩，也寄托着对家乡学子的殷殷厚望。

中国语言和文学中还有很多很多关于山与石的成语、谚语、歇后语、诗、歌、赋、曲和文等，有心对此作一番探究者有可能写出一部有关石头与中国文学的专著，笔者翘首以待。孔圣人说“学然后知不足，用然后知困”，试着学一次，用一回，写一次，读一回，会有新的发现，增添新的知识。人生就是这样乐此不疲才会长知识，才能“天天向上”。

感谢任天成先生知晓我在收集我国古代诗家有关矿物晶体石和化石的诗歌时遇到困难，特地为我通过电话传输了两篇有关的古诗。辑录如下：

观张师正所蓄辰砂

（宋）苏轼

将军结发战蛮溪，箧有殊珍胜象犀。

漫说玉床分箭镞，何曾金鼎识刀圭。

近闻猛士收丹穴，欲助君王铸褭蹄。

多少空岩人不见，自随初日吐红蜺。

咏琥珀

（唐）韦应物

曾为老茯神，本是寒松液。

蚊蚋落其中，千年犹可觌。

这两首诗显然分别赞颂了辰砂和琥珀。任先生还表示早在唐宋时期诗人们不但认识到了辰砂的颜色之美，还知道了琥珀是松脂将蚊子之类的小虫子包裹其中的产物。

散文和其他文学形式作品中的石头

写石头写得最生动的散文家当数柳宗元。他在被贬永州后终日以游赏山水自娱，到处收奇觅胜。在他写的《永州八记》中既写山水也咏石崖。许多人特别欣赏他在《至小丘西小石潭记》中咏石的名句：“全石以为底，近岸卷石底以出，为坻，为屿，为嵁，为岩。”后来，他在《钴鉧潭西小丘记》中又以精辟而凌厉的笔触写出了小丘上石头：“其嵚然相累而下者……若熊罴之登于山。”给人留下了难以忘怀的记忆，真的是把岸边的石头写得活灵活现，犹如亲见。

近代与现代作家中以散文赞石者更是无数。

林语堂曾写过一篇名为《论树与石》的散文，其中写道中国人对石头的“根本观念”是：“石头是伟大的，坚固的，而且具有永久性。它们是静默的，不可移动的，而且像大英雄那样，具有性格上的力量；它们像隐居的学者那样，是独立的，出尘超俗的。它们总是古老的，而中国人是爱好任何古老的东西的。不仅如此，由艺术的观点上说起来，它们是宏伟的，

庄严峥嵘的，古雅的。”这是不是对石头性格的总结性发言？从这段文字中我们可以体味出些什么呢？诸位细细体会后请不吝赐教。

沈钧儒先生将书房命名为“与石居”，并诗曰：“吾生犹好石，谓是取其坚。”

现代作家贾平凹也是个“石痴”，他打趣地说：“这天下姓贾的人都与石头有缘，贾宝玉不是青埂峰上的一顽石吗？”贾先生所写的《丑石》一文，平凡而朴素，淡雅而深沉，是他全部感情的投入。他自《丑石》始，一发不可收拾，竟断断续续写了百十篇有关石头的文章。

贾先生有一篇爱石的散文，因篇幅所限只能略微摘录数段：“我爱石。那些聚天地之灵气，化日月之精华，孕万物之丰采的奇石，或因其石质润泽如脂，或以其色彩艳丽多姿，或以其形状千奇百怪，或以其纹理千变万化，或以其韵味浓浓而令我爱不释手、流连忘返。”“石之所以招人爱，之所以具有令人怦然心动勾魂摄魄的魅力，关键在于奇石的自然美。一方好的奇石，造型或构图上鬼使神差，或状如日月山川、亭台楼阁；或形同飞禽走兽、人物花卉；有似祥云绕山、溪水淙淙；有似松柏挺拔、苍翠秀丽；有似仙女散花、舞台流韵；有似繁花似锦，古色古香；画面在似与不似之间，神似大于形似，似像不像，越看越像，具有不可思议的和谐与精妙。”“奇石是大自然的造物，因其具有古朴典雅、表里如一，色性稳定，不变不脱，持久永恒，常艳常新的特性，古今爱石之人方能如此痴迷。”后文还讲了在南京与几枚甚为喜欢的雨花石失之交臂的遭遇，讲了自己收藏三峡石、天山石、崂山石、清江石、黄河石、乌石、戈壁玛瑙和长江三峡江底一块特种石的故事，娓娓道来，很平常，却很感人。一位蒙古族石友亲口告诉我，她就是看了贾先生关于石头的文章，找上门去，并得到先生的鼓励和帮助，走上了爱石之路。原来文学还有这样的魅力、这样的功能。

楹联又称对联、对子、对偶、门对和桃符等，它是与众不同的单字单音节、方块字型汉字独特的艺术形式，是中华传统文化的瑰宝。它在句型上对仗工整、平仄协调、内容上的关联、语言上的精辟风趣在文坛独树一帜。这种言简意赅的楹联与通俗而又高雅的石文化相联系，或者把它琢刻在石头上，无言间又会生出一番触景生情的感悟。

近日喜得任天成先生馈赠的新作《赏石楹联品藻》，得到先生应允后从书中抄录数对以飨读者。

（1）南京南唐宫苑阮阅所撰“怪石联”:“草中误认将军虎；山上曾为道士羊。”全联虽然没有一个“石”字，上联说的却是隐藏在一片草丛中的一方犹如斑斓猛虎的象形石，下联说仔细看看又像是初平道士放牧在山上的群羊。

这里引用了两个典故。一个是《史记·李广传》中曰:“广出猎，见草中石，以为虎而射之。中石没镞，视之，石也。因复更射之，终不能复入石矣。”另一个典故出自《说郛》，曰:“晋之皇（黄）初平，常牧羊，忽见一道士，将至金华山石室中。后服松脂茯苓成仙。易姓为赤，曰赤松子即叱石为羊者。”后来，葛洪在《神仙传》一书说，丹溪皇初平15岁就在家放羊，一位道士看他行为审慎、谨饬，与人为善，便让他去婺州金华山赤松观修行。四十年后他哥哥来看他，道士告诉他，他弟弟牧羊去了。他哥哥去了一次，只看到一堆堆的白色石头，却没有找到弟弟。第二次又去，终于找到初平；只见初平喊了一声:“羊起！”那白石头一下子变成了几万头羊。于是兄弟俩生活在一起，一直到500岁时还能“行于日中无影，而有童子之色”——终于得道成仙。哥俩分别改字为鲁班和赤松子。

（2）大家耳熟能详的诗句“花如解笑还多事，石不能言最可人”在对联中被称为“颔联”。古人“有言在先”：凡七律诗中的八句诗，均可分为两两相匹的四个对子，分别命为首联、颔联、颈联和尾联。

陆游七律诗《闲居自述》曰:“自许山翁懒是真，纷纷外物岂关身。花如解笑还多事，石不能言最可人。净扫明窗凭素几，闲穿密竹岸乌巾。残年自有青天管，便是无锥也未贫。”这里用的是第三、四句为联，故称“颔联”。它的意思是，花如果能理解“笑”这种情感的话，反而是“多此一举”；下联与之相对应的是不能说话的石头，倒是最正合了楹联的对偶词句的要求。天成先生在品藻时特别指出，放翁先生在上联中用“笑”代替了“言”字或“语”字，既符合诗律和联律，又回避了“言”和“语”的冲突；这就是诗人的高明之处。

有趣的是，到了清代有一位姓纪的贡生入赘某富人之家，因夫人美秀却哑，遂将上联的“语”字代替了“笑”字，撰联一幅曰“花如解语还多事；石不能言最可人”挂于卧室。虽然犯了楹联语言上的“冲突”之忌，从他自己来说希望哑巴发“语”，不妨是一种自嘲和自娱吧，但在旁人看来却有点贻笑大方啦！

（3）颠道人所撰“无题”联：“怪石撑山骨；流云吐月华。”说的是奇形怪状的石头撑起了山的神韵，漂浮流动的云彩衬托出月之明媚。全联用白描的手法通过石与山、云和月的关系表现的自然美。

（4）半亩塘小亭联：“目属高低石；亭延曲折廊。”

此联为康熙帝御制《木榻诗》的颈联。天成先生以为，虽然蕴意不多，然对仗工整，平仄协律，特别是那些“高低石”正是软体动物角石类的化石；由于角石类动物个体大小的差异，竟形成了高高低低的“嵌塔石”，巧妙地把古生物化石融入了对子。

（5）张伦远撰“赠万石斋联选四”：“气象阴晴，峥嵘互竞千岩秀；风云飘渺，咫尺真如万里遥。”

此联为杜步尘先生从我国民国时期赏石名家张伦远242副对联中选取的八联之四。张先生对我国雨花石和大理石鉴赏的系统性和宣传工作作出重要的贡献。联中说的就是这两个石种，无论是在阴沉或是晴朗的天气，也无论高峻惊险的山岭，都争着闪现自己的美丽。

上面我们介绍过，雨花石是胶体沉积的产物，显现了多种颜色的层圈状态沉积的特点。形成后又经过大江大河中长距离的搬运和磨圆，显得更

相关链接

直角石是生活在地质年代（距今四五亿年前）的古生代时期一种已灭绝的软体动物。它的名称的含义就是“笔直的角”之意。所以它的化石多呈长条形的塔状。它的化石见于世界各地的海洋沉积的地层中，以石灰岩中最为多见。

直角石复原图

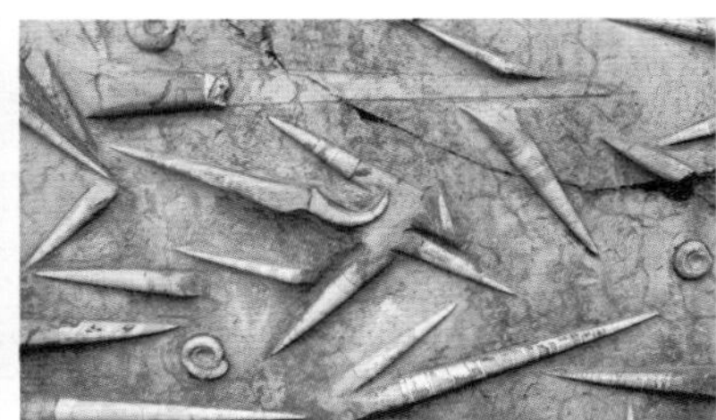
直角石化石

直角石的复原图和实体化石（王雪华　提供）

加大方、美丽。大家也都知道，大理石是碳酸盐类的岩石变质作用的结果，经过在地球深处重新“搅拌”和“重融”，人工切开、磨皮、抛光，它们就会显山露水，显示出中国水墨画家的画风，完成一幅幅水墨淡彩的中国山水画。张先生的这副楹联全盘托出了雨花石和大理石自然美和科学美的文化内涵。

笔者在某杂志上看到一位石友专为观赏石所撰的一副对联：“案上乾坤纷繁世事犹能蕴于半隅；掌中山河大千世界竟相寓于一石。”写出了观赏石“以小寓大”的非凡作用。

2007 年夏，贵州黔西南布依族苗族自治州兴义市荣获中国观赏石协会颁发的首届“中国观赏石之乡”称号。笔者与成忠礼先生为贵州省观赏石研究会试撰贺联一副，以示祝贺：“贵州龙海百合雌黄雄黄辉锑矿，洪荒瑰宝，罗汉出碧水；鲁布革修仙桥北盘南盘马岭河，宇环粹华，万峰向青天。”横批：“天地精华”。将该州甚至包括贵州全省的观赏石石种和风景名胜网入其中，敬供读者一笑耳。

《吕氏春秋 · 季冬纪》中有一句：“石可破也而不可夺坚，丹可磨也而不可夺赤。”似亦可作为对联来看。

其实，无论古今中外，最能表达赏石理念和赏石心得的还是不受任何语言、文字形式约束的连篇妙语。请看：“石小乾坤大，天然灵气多”“一石一世界，一景一大千”“奇石本天成，有缘偶得之”“山无石不奇，水无石不清，园无石不秀，室无石不雅”“居无石不安，斋无石不雅，厅无石不华，园无石不秀”“石来运转，石寿万年”“石以人贵，人以石雅”“他山之石，可以攻玉”“悟石德而养生，通石理而修身”……

这些妙语有的是诗歌中的警句，有的是散文里的妙对；都是对石头欣赏的感悟，语言精辟，实在是发自内心的至理名言！

民间传说中的石头

中国民间有许多与石头有关的典故、神话和传说。最为著名的莫过于女娲炼五色石补天和精卫衔石填海的传说。

传说盘古开天辟地，女娲用黄泥造人，日月星辰各司其职，五洲安居乐业，四海歌舞升平。后来共工与颛顼争帝位，败而触不周山，致天柱

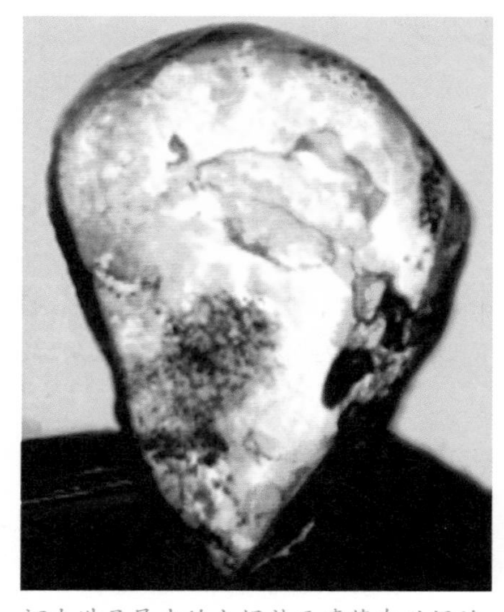

河南淇县展出的女娲补天遗落在世间的五彩石玉照（叶大元　摄）

折，地维绝，四极废，九州裂；天倾西北，地陷东南，洪水滔滔，烈火炎炎，生灵涂炭，流离失所。女娲不忍子民们受苦受难，决心炼石以补苍天。她周游四海，遍涉群山，最后选择东海之外的仙山天台山，以五色土炼石补天。经 9 天 9 夜，炼就 36501 块五彩巨石，又历 9 天 9 夜，用其中的 36500 块五彩石把天补好了。留下一块遗存在天台山中汤谷的山顶上，后人称之为太阳神石。友人从河南淇县考察回来时告知，这块遗落的五彩石现今正在河南淇县展出，拍了一张它的玉照。我想，真要是的话哪天去看看，感谢女娲为我们补天，才有我们今天绿色的大地和湛蓝的天空……

这里还有一个问题：女娲补天为什么要用五彩石？大概是因为“五彩石”是美好的石头吧；五彩者，好一个艳阳天！祈求风和日丽，天下太平！

精卫填海更是一个凄惨壮美的故事。相传山西长子县西面有座发鸠山，山上有一种样子像桑的柘树，柘树林里生活着一种名为“精卫”的小鸟：它们浑身黑色，嘴白，爪子红，头顶上有花纹，常常发出“精卫！精卫！”的凄厉叫声，所以管它们叫“精卫鸟”。

这精卫鸟是谁？原来是炎帝女儿的精魂之化身。传说太阳神兼司神农职责的炎帝，既管太阳也辖五谷和药材；其女名女娃，自幼乖巧可爱。女娃总想去看看太阳升起的地方和“地倾东南”的大海。但炎帝很忙，无暇顾及。一日，女娃悄悄跃入东海欲畅游一番，却不幸溺亡。但女娃的精魂不死，化作精卫鸟，每日叼着西山的石子、树枝向东飞往东海，把石子和树枝扔到海里，试图填平东海，遗憾的是收效甚微。这就是世代相传的精卫衔西山之木石以堙东海的故事。

自古相传的还有盘古骨骼化石造乾坤的故事、媒媾与祈子的祭祀以及高媒之宝用石和先妣谷石生子的神话，都是有关石头造人、石头与天地的故事。此外，民间还有得石生子、认石为父石、乞子石、女化石、石化女、禹生于石、夏禹凿石治水降龙等许许多多传说，都是中华民族对宇宙、地球的形成之认识，也是人类最早认识自然界的启蒙读物。

和氏璧是一个传世已久的民间故事。

原来这和氏璧“出山”时就有一个传说：楚人和氏将玉献给厉王，专事鉴定的玉人说这是以“石”假玉，有欺君之罪，厉王就砍去楚人的左足。武王即位后，和氏又去献玉，玉人又说是“石头”，楚人被砍去了右足。文王即位后楚人抱玉而哭于楚山下，三天三夜泪干继以血。文王派人问他：天下被砍去脚的人不少，你为何哭得这样悲伤？和氏曰：我不是因为脚被砍去而悲伤，我哭的是一块宝玉竟几次被认为是一文不值的石头，还说我在行骗，故而悲痛不已。文王再叫人鉴定，才有识货的人说这是一块上好的玉，遂命名为“和氏璧”。

“完璧归赵”之后，和氏璧落入秦始皇之手，被镌刻为传国玉玺。秦亡后围绕这块象征着至高无上权力的玉玺又演绎着一出又一出的权力之争。现在到底“石落谁家”都不知道。这前前后后的故事让人匪夷所思，却与近代几颗硕大的非洲金刚石所演绎的人间悲剧如出一辙。

有趣的是这些文学、文字和语言变成了一本书出版的时候，竟然也与石头接上了关系。那是二十世纪末，笔者出访乌克兰的克里沃罗格，克市是一个以巨大的铁矿著称的矿业城市。我们每个人得到一本装帧得非常漂亮的介绍该城历史、城市建设和产业发展的书。翻开精装本的封面，里面赫然镶嵌着三块薄薄的岩片，是矿石和岩石的小光面；即使不懂俄文的人，一看就知道这是一张城市的“名片”，使人不得不佩服设计者独具匠心的创意。

影视和音乐中的石头

在一般人的印象中，石头是极难登上文艺的大雅之堂的。但是，凭着石头与大自然的关系，在人们的目光更多地聚焦于全球气候变化的时刻，一部美国电影《侏罗纪公园》开拓了这片文艺的处女地，在引导人们关注

生态环境变化的同时，普及了地球科学文化知识。试想一下，如果不是这部电影，像“侏罗纪”“白垩纪”和“恐龙”这些地质学和古生物学的专业词汇，恐怕永远只是专业人员的“专利”；但是，现在如果你去问一下两三岁的小孩，他都可能会给你讲出个一二三来，或许还能讲出一两种恐龙的特点。这就是文化的力量。

在中国，自从电视剧《木鱼石的传说》中那一声唱腔优美、词义一目了然的“有一个美丽的传说，精美的石头会唱歌……”唱响媒体以来，无形中把石文化带进了现代传媒，走进了千家万户。随之又拍摄了拿石头说事的电影《疯狂的石头》、保护国宝鸡血王的电视剧《巴林石传奇》。笔者在参加一些与石展有关的演出中，还看到以小品、歌曲、舞蹈等诸多形式演出的有关石头的故事。

会唱歌的石头和歌唱石头

现在我们来看一看是不是真的有“会唱歌的石头”呢？它们是什么石头？

回答是肯定的。那部《木鱼石的传说》电视剧的“主角”木鱼石就是因中空而能“唱歌”。木鱼石是一种外壳坚硬、细密、形态多样、中空的结核石。空腔内有卵状核，或粉末，或液体。摇之作响，似唱歌。很多地方出产的褐铁矿常因质差量少而不能开采，但因为有“唱歌”的本事而身价百倍。我国山东、河南就产有这种会唱歌的木鱼石。

结核石多产于古生代浅海、滨海、海湾或湖底的泥沙中，是由于地球化学作用发生物质重新分配所致。混杂在泥沙中的动植物遗体等有机物分解释放出氨，造成局部较强的碱性环境，使正在形成岩石的碳酸盐沉积物析出钙或铁的碳酸盐类物质，这些成分集中在一起，便成为一个“结核”。它们的成分主要是黄铁矿或菱铁矿。黄铁矿在以后的氧化环境中会转变为褐铁矿。结核的形成过程中既有物质的加入，也有物质的移出；加入与移出基本平衡的便是实心的结核石，如果不能达到平衡，或者内部的水分散失，就可能出现中空现象。木鱼石就是空心的结核石。

还有一种摇晃也会作响、产于喷出岩中的“响石”，是玛瑙生成时被包裹在其中的小矿物或矿液所致；它与木鱼石在成因上完全是两码事。将它摇晃几下也能作响，所以唤作“响石”。

其实，会唱歌的石头远不只木鱼石和响石。轻轻敲击某些灵璧石的不同部位，能发出悠扬悦耳的“金玉之声”。古人将其称为“佳石”。上品的佳石可用来制作石磬；把石磬挂起来，甚而多个石磬编排在一起，称为“编磬”，便能“唱”出悦耳的歌来。因而灵璧石又有“八音石”之美称。为什么有的灵璧石会唱歌，有的不会呢？原因就在于灵璧石的矿物组成和结构构造。现在已经知道，矿物成分单一的灵璧石音质好，矿物成分复杂者（特别是含有黏土矿物时），发出的声音就“呕哑嘲哳难为听”了；岩石的结构致密、颗粒大小均匀者音质好，而颗粒粗大、结构松散且不等粒者，音质就大不如前者。

郦道元在《山水经》中写道，江西湖口石钟山有一块石头“水石相搏，声如洪钟”。苏东坡不信他的描述，便在《石钟山记》中表示大惑不解：“今以钟磬置水中，虽大风浪不能鸣也，而况石乎！”于是亲自去了一趟石钟山，在山上，“寺僧使小童持斧，于乱石间，择其一二扣之，硿硿焉”。又驾船至绝壁下，“大石侧立千尺，如猛兽奇鬼……而大声发于水上，噌吰如钟鼓不绝”，“有大石当中流，可坐百人，空中而多窍，与风水相吞吐，有窾坎镗鞳之声，与向之噌吰者相应”。船上的人又告诉他，“噌吰者，周景王之无射也；窾坎镗鞳者，魏庄子之歌钟也”，说的是那声音犹如东周景王所铸的大钟无射，又像春秋时晋国大夫魏绛的编钟。这才使苏老夫子相信石头确实能发出如磬似钟般的声音。看来，这种河（湖）岸边岩石的声音除与岩石本身的结构构造有关外，可能还与岩石的外形有一定的关系呢！

石头有如此神奇的“天赋”，石头组成的石洞自然也会有音乐的“天才”。有报道称，浙江温岭市的长屿硐天的音乐效果极好：在洞中演奏音乐，无须电声设备就有同频的自然立体声效果；这样的山洞堪称天然音乐厅。

据《海口日报》报道，海南陵水英州镇万福村西河沟中有一块“琴石”，敲击之则发编磬之声。石高 180 厘米，宽 150 厘米，厚 120 厘米。有 8 道向外突出的缘角，击之会发出清晰的“哆”“来”“咪”“发”……的标准乐声。据说这是一处中生代（2.5 亿年至 0.6 亿年前）的闪长岩岩体，由于岩石构造和后期被水冲刷，石头表面形成多道长短、厚薄和深浅不一的沟槽，因而能发出共振频率不同的声音。

石头会唱歌，人也歌唱石头。最值得一提的是《中国地质学会会歌》。

那是在抗日战争最惨烈、最艰苦的时刻，几位著名的地质学家为中国地质学会创作了一首会歌:“大哉我中华！东水西山，南石北土真足夸。泰山五台国基固，震旦水陆已萌芽。古生一代沧桑久，矿岩化石富如沙。降及中生代，构造更增加；生物留迹广，湖泊相屡差。地文远溯第三纪，猿人又放文明花。锤子起处发现到，共同研讨乐无涯。大哉我中华！大哉我中华！”1940 年，中国地质学会通过了这首会歌，那铿锵有力的旋律，气壮山河的歌声既点明了中国地形、地质的特点，展现了一幅中华大地地质发展史的画卷，也导出了“大哉我中华”的英雄气概，鼓舞着地质工作者在那灾难深重的岁月为国家多找矿，表达了中国人民抗战到底的决心和信心。这是一首传达地下石头的力量和世上爱国力量的铿锵之歌。

磬与音乐文化

编磬和编钟是古代祭祀、宫廷或民间音乐中不可缺少的乐器。磬是选用佳石或玉雕琢而成的乐器，钟是铜铸的；把石磬或铜钟依厚薄、大小排列，能发出不同声音构成的音阶，称为编磬或编钟。我国商周时期就有了磬，商代已出现单一的特磬和三个一组的编磬；周时编磬的个数已增加到十几个。我国出土的先秦乐器中有多种编磬和编钟。

1999 年济南章丘洛庄西汉诸侯王墓乐器坑出土的乐器，足足可以组成一个大型的古乐团，这 7 大类 149 件西汉乐器奏响了中国音乐史上最早最为铿锵的乐章。其中 19 件编钟是国内发现的第一套西汉编钟，6 套 107 件编磬超过了以往所有汉墓出土编磬的数量。

洛庄汉墓的发掘成果不仅改写了中国古代的乐器史，也增添了西汉初期所传承的春秋战国石文化的新篇章。章丘洛庄发掘地古属有优秀音乐文化传统的齐国，“滥竽充数”“余音绕梁，三日不绝”的典故都出自这里；有一次还发生了因鲁大夫季桓子接受齐国馈赠女乐三天不理朝政、孔子愤然离去的故事。战国时齐国琴家兼政治家邹忌为相期间，常常一边抚琴一边劝威王“琴调而天下治，夫治国家而弭人民者，无若于五音者”。助威王虚以纳谏，修订国法，监督官吏，选荐能人良将治邦安国，齐国因而国力强盛，一时间燕、赵、韩、魏纷纷朝于齐。齐国从宫廷到民间礼乐兴盛，音乐文化底蕴深厚，历史悠久，源远流长，呈现一派“歌乐升平”的景象。

这次发掘的编钟与编磬在古代称为“乐悬”，即必须悬挂才能演奏的乐器。

编磬（摄于天津宝成石馆）

有意思的是乐悬制度把编磬与政治制度联系了起来，成了周代礼乐制度的核心。西周初年，周公旦制订了一套十分严密的封诸侯、建国家的等级制度，这就是周公“制礼作乐”的典故。此后3000多年，“礼乐”成为中国人思想的准则，行为的规范，九州大地也由此有了“礼乐之邦”的美称。周制订的乐悬制度是很严格的：“王”的待遇是摆列四面编悬乐器，称为“宫悬”；诸侯则只能摆列三面，称“轩悬”；卿大夫则再去一面，曰“判悬”，士就只能享受摆列一面的“特悬”待遇了。由此可见，乐悬制度是中国封建社会早期一种重要的法制法规，它既属于音乐文化的范畴，又牵涉国家的政治制度；而在不知不觉中把我们要探索的石文化与礼乐制度联系了起来。

此外，早在周代和春秋时期，我国就有用玉制作玉箫、玉编钟、玉笛、玉排箫的工艺技术；这些玉石乐器演奏的声音之悠扬悦耳，是实实在在的玉振金声。但是这些玉石乐器的制作工艺在几千年后的今天已经失传。有消息说，河南南阳有一家乐器厂正在开发仿古的玉制乐器，欲让玉振金声在两千多年后的今天重新响彻神州大地。

方寸中的石头

石之美引得人们纷纷效法，或形诸笔端，或摄入镜头，或制成精致的邮票，千方百计让巍峨的山峦、拱立的奇峰、蓊翳的松柏与潺潺的流

水重现，跃然纸上，绘于壁崖，挂上墙壁，贴在信封上，用精巧的矿物晶形装饰文房卧室，让人们对自然界的认识升华，造就生活中的艺术殿堂；让美好的大自然留驻于方寸之间，培育艺术的氛围，增添生活的乐趣。

绘画中的石头

能在尺幅之间看到山、石、水、土的，当首推中国特有的艺术——山水画。可以说，山水画是与京剧有同样地位的中国之“国粹”。

综观东西方的绘画史，可以看出西方与中国的绘画有一些十分明显的不同：西方画家大多以人物和静物为绘画对象，很少以山水为题材；至少从现存的世界名画来看是如此。而东方人特别是古代中国，早在两三千年前就有了山水画；除了早期和近代有一些人物、静物、历史事件和其他动物的绘画外，在相当长的时期里，山与水在中国画中是连山带水“血肉相依”的。在绘画技法上，西方画家擅长于素描和工笔，以写实为主要技法，讲究物体的透视，讲求光线与颜色的搭配和运用，善于通过聚光和散光来表现绘画对象的立体感。而中国古代的山水画家则以写意的手法表达主题，虽不强求立体感，但以写意的手法，利用前后的不连贯性，巧妙地给人一种层次感和立体感；对光只是用“平涂”的方法，简单地装饰性地以“单色”来表现暗淡和明亮。中国山水画还独创了“皴法”来表达不同形态、不同气候条件和不同时辰的山石。中国古代的山水画几乎没有用过除墨色之外的其他任何颜色，绝少有

中国山水画

相关链接

皴法是中国画独创的一种画法。它是在勾画出山形轮廓的基础上，用淡干墨侧锋兼中锋作画，显示山与石的纹理和阴阳面。这种纹理和阴阳面的对比极似山东博山的文石、广西来宾的来宾纹石和安徽灵璧石石肤上的纹理。

中国画的皴法十分讲究，分为劈皴、披麻皴、卷云皴和折带皴等技法。

彩色的，而以绝妙的墨色浓、淡、干、稀、疏、密来体现光线和山石的远近。

一句话，中国传统的山水画是被艺术化了的山、石、水、土；虽然我们在自然界没有见到过山水画中的山、石、水、土，但能理解和接受它抒发的美感。这就是中国山水画的艺术魅力。

镜头中的石头

现代摄影艺术是利用光的艺术将山石“写”进方寸之中，是另一种“方寸山水画”：巍峨挺拔的昆仑、云遮雾罩的黄山、变幻莫测的雁荡山、瑰玮秀逸的武夷山，以及富丽堂皇的织金洞，不论是什么山形，也不论哪一种岩石，统统随着那五颜六色和暗淡深浅的自然光，被“微缩”到巴掌大的照片中去。

要想拍出一张好的照片，不仅需要掌握高超的摄影技术（包括选角度、取镜头、看光线，确定快门和光圈），更需有艺术思维，要有对山石深切的体验、思考和灵感。摄影是技术与艺术的融合之作，快门“咔哒”一响，就留下了你在瞬间的思考和当机立断的“一闪念”。

很多人以为，现在有了数码相机，有了“傻瓜”相机和智能手机，不愁拍不出好的照片。其实不然，一张好的照片是技术与艺术的结晶，更是一份用心、用眼、用手、用脑的艺术品。山、水和石头也有它们的“表情”和“姿势”，就看你会不会抓住它们的这些“生命表征”。

贵州织金洞中的碳酸钙形成的石幔，犹如欲流而滞的饴糖（倪集众　摄）

“国家名片”上的石文化

相对“尺幅”级的山水画而言，邮票就只能算是“方寸”级的山水画了，虽然两者的艺术价值不分伯仲，但从使用价值和收藏群体来看，山水画就远不如邮票了。因为，素有“国家名片”之称的邮票是一个国家政治、文化和经济发展的“缩影”，它的印刷量大，随着邮政路线走遍全球，而它的印张、版别、印制方式和收藏价值更是倾倒了多少邮迷。

包括与石头有关的矿物、玉雕、陨石和石窟在内的石头邮票，在邮迷们的集邮册上已占有一席之地，因为它是邮迷们对一个国家的石文化的尊重和自豪感；外国如此，中国也如此，几乎世界上所有国家的邮迷们概莫能外。

自 1952 年中国将敦煌石窟的壁画搬上方寸之地以来，已陆续出了十多套敦煌壁画邮票。随后发行了玉雕邮票两套，以及矿物晶体邮票和石狮邮票；特别是发行了一套吉林陨石的邮票，据信是全世界唯一一套陨石的邮票。中国台湾先后在 1997 年和 1998 年发行一套矿物晶体邮票和中国古代玉器和瓷器邮票。

外国也经常将自己国家“特产”的或者晶形特别好的矿物晶体制作成

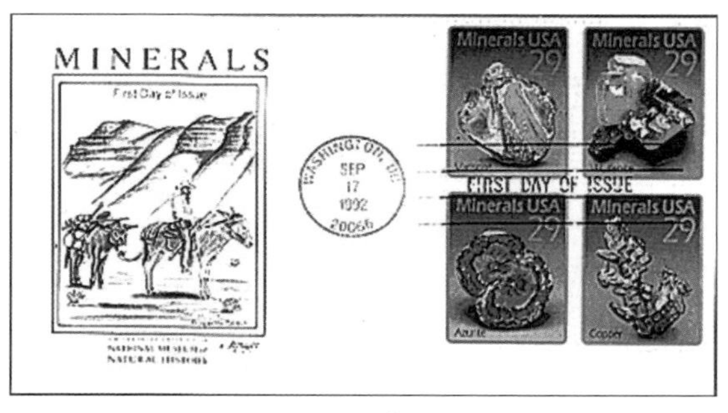

美国发行的矿物晶体邮票

我国发行的吉林陨石的邮票

邮票。如美国的硅化木、电气石、紫晶和钼铅矿邮票。

改革开放以来，国家邮政局开始发行个性化邮票，大大开拓了石文化进入集邮领域的机会。个性化邮票是为满足用户的正当需求，由国家邮政部门发行、用户自行设计的具个性化的附票；附票与主票一起是真正的邮票，可用于寄信和收藏。笔者手头就有中国观赏石协会 2003 年成立大会、中国观赏石博览会——2007 年“走进奥运”北京邀请展和中国矿物岩石地球化学学会成立 30 周年会庆的个性化邮票各一套。

有趣的是笔者在网上搜索到冯一兵先生名为《天、地、人都离不开石头》的邮册。他在前言中指出：“石头是世间随处可见的极平凡的物质。但它却十分伟大。在某种意义上说，它创造着星球，装点着大地，改造了人类，贡献给未来。”三言两语便搭建起石友与票友之间的桥梁，也表明收藏石头及其有关的邮票与已有上百年历史的集邮活动有着“触类旁通”的有机联系，相信石文化的路子将会愈走愈宽。

钞票上的石文化

钞票代表一个国家的主权，因此票面上都印有发行国最具代表性的首

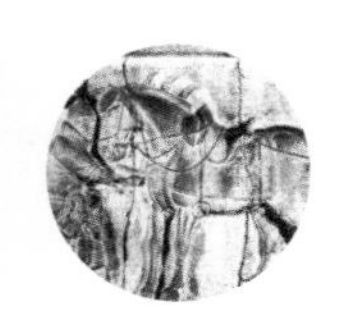

脑、人物、建筑、风景、动物和植物等象征性画像。譬如人民币上的领袖像和工农兵像、天安门和长城，澳元上的袋鼠和考拉，美元上的历届总统像，以及英镑上的女王像，等等。

如果说这些政治人物、象征性建筑和特产印上钞票不算稀奇的话，把石头和石文化搬上钞票却是很值得一提的：笔者专门搜索过各国纸币和硬币上的图案，发现有数例与石头和石文化有关，堪称独具匠心的设计。

例一：纸质人民币上有两处具有石文化意义的标志性画面：一是长城，二是第四套人民币（贰元币）上的“南天一柱”。两处都以雄伟的身姿代表石之瑰丽，石之优美。长城自不待说，南天一柱以其“刺破青天锷未残”之势，耸立在海南三亚市的海边。

例二：举世闻名的金字塔是埃及的骄傲，理所当然地上了埃及的硬币。

例三：最值得一提的是津巴布韦硬币上的石鸟。这只高不过 40 厘米、被称为“津巴布韦鸟”的鸽头鹰身石鸟，是当地土著民族祖先所崇拜的图腾，是非洲古代文明的象征，是津巴布韦人的骄傲！但在英国殖民主义者

人民币上雄伟的“南天一柱”

埃及硬币上的金字塔

津巴布韦国旗、国徽和硬币上的石鸟

相关链接

艾雅斯红石也称澳大利亚红石，或乌卢鲁石。它位于澳大利亚中部艾雅斯泉城西 600 千米处。原石高 348 米，周长 9400 米。尚有三分之二埋在地下，号称世界上最大的单块巨石。这块肉红色花岗岩的巨石呈现红色，但在一天之中会随着太阳的照射和环境的变化而显现出蓝色至艳红色。澳大利亚人以此为自豪。

统治时期，这一文明和民族的象征被掠夺到英国。津巴布韦独立后，将它镌刻在国旗、国徽和硬币上。

由此可见，国家的象征、人民的骄傲是要理所当然地出现在同样代表国家的一切物品上的；而且这样的理念和呼声日益深入人心，愈益高涨。2002 年，笔者在澳大利亚参观其国家制币厂时，看到展出的“全澳中学生澳元纸币设计大赛”的作品，竟然有数件作品不约而同地把他们引以为自豪的艾雅斯红石作为澳元的背景画面。虽然还只是设想阶段，但一块石头上了钞票，也是让人高兴的事。

澳大利亚人引以为豪的艾雅斯红石

民族文化和民俗文化中的石头

与山文化一样，在科学尚未达到昌明的时代，人们对某些石头既抱着崇拜、敬仰之意，又心怀恐惧和敬畏的心情；这里所说的“某些”石头是指“天上掉下的石头”——陨石。现在大家都知道陨石是太阳系中小行星的碎片在与地球擦肩而过时，落入大气层未燃烧完的残余石块。可是在几个世纪前人们不是这样想，他们对陨石的到来要么十分惧怕，唯恐由此“大祸临头”，因而避而远之；要么由惧怕而敬畏，把它当作“神石”顶礼膜拜。欧洲、美洲、亚洲，以至世界各地都有这样的例子。东非某国就有一块用油洗濯过、包得严严实实的陨石供奉在寺院中。日本宫城县气仙沼的村民把一块 1850 年落下的陨石供奉为保佑养蚕业的“天石”；巫师们把它炮制成“包治百病”的神丹仙药。人们还知道希腊埃莱夫西斯市神殿里的月亮女神像是用陨石制成的；伊斯兰圣地麦加的那块镶嵌在银框中的“玄石”，相传是曾祈求安拉使麦加成为吉祥之地的亚伯拉罕的遗迹，数百年来接受着教徒们虔诚的顶礼膜拜。

其实，古人不仅仅对陨石是如此既恐惧又崇拜，对一般的石头也是“区别对待”的：对比较大的或陡崖巉岩是恐惧多于崇拜，对小型的奇石怪崖则敬仰和喜爱有加。

石头不仅给人以崇拜和敬畏，也给人以欢乐。记得小时候常常与小伙伴们在河边扔石头玩“打水漂”游戏，看谁能使一块小小的石头在水面上走出最多的“水漂”。也可能是这种游戏的启示和演化，干脆以投石的远近作为比赛“条件”。据报道，瑞士每年都要举办一次阿尔卑斯牧羊人节，这个民俗节日竟能吸引十余万人的眼球。其中一项“投石”活动的重头戏更是热闹非凡，2010 年的投石冠军是 35 岁的马库斯·麦里，他把 83.5 千克的巨石抛出了 3.89 米之远。

独特的泰山石文化

在中国，泰山石文化当为民俗石文化中的一大特色。

所谓泰山石文化实际上是泰山封禅文化的外延。在古代中国人的意识里，泰山是神奇的。按照中国古代以季节、颜色、方位相结合辨别吉凶“五方说”的理念，泰山在东方，属春，为青帝神的化身，是理所当然的五岳之首——东岳。它不仅是五岳之宗，还是人们心目中的山神。自秦、汉、唐、宋以降，三皇五帝都以登泰山祈求国泰民安为“己任”，平民百姓登泰山朝圣求平安者更是数不胜数。这种自古就笃信泰山是“神山”的理念，促成了泰山石必定是“神石”的观念，由此延续出独特的泰山石文化。

民宅的“石敢当”石碑

泰山以巨石突兀、绝壁青松为主要特征。雄浑苍黑的山石，壁立千仞的绝岩，给人以静穆深沉、雄伟、浑厚和壮美的感受。故此，炎黄先民在泰山布灵石，焚柴草，行祭礼，实乃原始灵石崇拜的一种表现。

泰山北麓主峰东北八里磨山上有过一座奇特的石圈，古籍《泰山道里记》称其为“五女圈石”，被认为是“仙人牧地，巨石环列，秀丽异他处”，“为五仙女为之”。考古学家则认为它与法国布列塔尼卡石阵和我国赤峰红山文化石圈一样，是远古人类祈求与上天沟通的场所，也属于世界巨石文化的一处遗址。

唐宋以后，民间开始流行制作泰山石。从此，一块块泰山石从原产地流向全国各地。对泰山的崇拜随之流传到民间，后来不管是什么样的石质，也不管是不是泰山所产的石头，只要上面刻上“泰山石敢当”或者“石敢当”，就都被认作为泰山石，逐渐演化为对泰山石所能表达的各个方面、各

种形式的尊崇。例如，在封禅典礼上立泰山石为大典的基台，取泰山石以求福乞子，家中供奉泰山石以膜拜神灵，或以泰山石作为镇宅之宝、镇斋之宝和镇馆之宝。几乎在全国的所有地方，在街头巷尾，或两家相连的宅基地分隔处，都能看到埋有一方上刻“泰山石敢当”的石头；虽然小碑的石头不一定来自泰山，却可借泰山之威，以驱鬼神，以作石证。

新疆石人之谜

以上讲的是我国中东部广大地区典型的汉族石文化崇拜；在西部的崇山峻岭之中，众多的少数民族在长年累月与大山和石头的接触中，生发出对石头无限的崇敬、依恋、尊重和敬仰的感情。

下面是笔者收集到的有关少数民族石文化情结的故事。

西北大草原上确实难得一见石头，新疆各少数民族对石头十分珍重；他们与藏族同胞一样，经常给石头披红戴绿，对待古代草原上的古老民族留下的石人，更是钟爱有加。中央电视台曾经报道过，现代的新疆牧民常常将一些石人请进自家的院子，专事供奉，寄托一份平安佑福的期望。

自二十世纪二三十年代至今，新疆阿尔泰山、天山、准噶尔西部山地的 10 个地、州、市境内，发现了 200 多尊石人，仅阿勒泰地区就有 80 多尊。它们大多集中于天山以北、阿尔泰山以南地区，自新疆向东到与之相连的蒙古国、南西伯利亚草原，以及我国内蒙古自治区向西穿越中亚腹地，一直到里海和黑海之滨，在广阔的草原上都竖立有这样的石人，成为草原上一道独特的风景线，勾画出古代游牧民族的石文化崇拜的历史和地理轮廓。

在新疆草原上常可见路边有披红戴绿的石头

当地居民每天为供奉在院子里的石人擦洗

新疆的各式石人

考古学者介绍，这些形态各异的石人，是不同文化背景下不同时代、不同民族留下的石文化遗迹。它们大致有两类：鹿石和石人；石人中又有黑石型石人和武士型石人。

“鹿石”是因雕刻有鹿形图案而得名。常见于墓茔前或与石人并立的石柱，或单独竖立的形态奇特、内容神秘的石柱。鹿石上的鹿嘴被拉成细长的鸟喙，抽象而富有美感。一些石柱上还有一些抽象的符号：上面是三道斜线，中间有一个小圆圈，下面为一把剑。三部分恰好组成一个抽象的人体：斜线代表人脸或五官，中间是脖子上的项链，剑则代表下半身。

新疆阿勒泰市切木尔切克乡的五尊黑色岩石的石人与全疆大多数石人大相径庭：圆圆的脸和大大的眼睛，面颊上刻有三角状的饰纹，温顺而善良，其中一尊还透露出些许女性的妩媚。专家们以为，打造这样的石人，就是要实现心目中“人死灵魂不灭，祖先的灵魂永远与活着的人在一起”的信念。从石人身后墓地发掘的陶罐考古中，确认它们属于公元前 1000 年左右的卡拉苏克文化。经青铜器考古考证，这些黑石头雕刻是早期的石人，有可能是大约公元前 2000 年（相当于中原地区的商代）的“秃头人”，或者是具欧罗巴人种深目高鼻特点的“塞人”的遗存。

经过野外调查和室内研究，专家们认为这些鹿石和黑石头石人是一种男性生殖崇拜的象征，武士型石人则大多为汉、唐时期生活在北疆草原、尚武好战的西突厥贵族武士的形象。两者在时间上相差两千多年。换句话说，鹿石或者与黑石石人属于同一个时代，或者早于石人，并可能就是石人的前身。

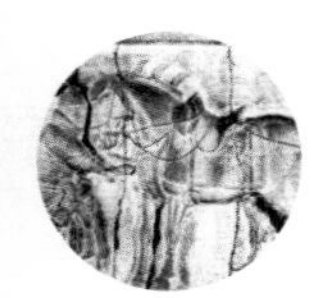

石像中最常见的是竖立于墓前的武士型石人。石人的形体粗壮而扁平，形象古朴，表情威严，宽圆的脸上留有八字胡须，约两米高的身躯面向东方而立；有的身着束腰带的翻领大衣，有的身上刻有古代少数民族的文字，有的腰佩剑或短刀，或悬挂有饰物；佩剑者左手扶剑柄，右手举着一个杯；有的有发辫，有的则显秃头状。石像的雕刻刀法简洁、粗犷，不事细部的精雕细刻。看来，他们很可能是一些战死英雄的代表：他们就是这样走上战场，永远这样站立着而战死疆场；他们的后人相信，人死之后灵魂会依附在石人身上，只要石人不倒，灵魂就永远不会消亡。表明这些石人承托着亲人对英雄深深的思念和崇敬。

据考证，现在生活在石人地区的民族，无论是哈萨克族、维吾尔族，还是蒙古族都没有立石人的习俗；打造石人的民族，当是古代曾先后在中国北方草原上生活过的塞人、匈奴人、突厥人、回鹘人和蒙古族人。

从鹿石到石人演化的研究，不仅有助于探讨新疆地区的民族和历史演变，还有助于对远古时期文化演绎的了解。人们认为，早期的鹿石是一种男性生殖崇拜的象征：在青铜时代，并存着对男女始祖的崇拜，信奉以祖先崇拜为主的原始多神教——萨满教。他们相信万物有灵，崇拜自然和祖先。而隋唐以后，草原上的武士型石人中从未见到过一尊女性石人，表明原始的生殖崇拜开始演变为祖先崇拜。正是这些石人，作为祖先崇拜和英雄崇拜的偶像，给予草原民族以精神和力量，并目睹着他们走上历史的舞台，又渐渐消失在历史的迷雾之中……

石文化：民族文化的组成部分

我国 56 个民族都有自己对石文化的理解和认识，特别是处于边疆和西南多山地区的少数民族，他们在与石头打交道的悠久历史中演绎出各有特色的石文化，成为本民族文化中不可或缺的一个组成部分。

在西藏工作过或者到过西藏旅游的人，一定知道藏族同胞对大自然中山、石、水、土的感情是无以复加的。你看，那里有神山，有圣水，有圣湖，有神石，为什么？因为他们热爱大自然，热爱祖国，热爱家乡，热爱大地上的一切。

一位藏族石友告诉我，他们特别喜爱和崇拜宝石中的绿松石，只要有一定的经济能力，就要想方设法买上一块绿松石的佩件挂在身上，大有古代君子“玉不去身”的感慨。问他们是为什么，他说他也说不清，“反正就是喜欢”。原来，绿松石挂件具有吸收人体体表汗水中脂和酸的功能，如果挂件变了色，就表明体液失调，绿松石发出了“病之将至”的警告。

藏族同胞认为，虔诚而忠贞的心就如同刻在石头上的图纹一样，是永恒的，永远不会改变的；诸如坚不可破的友谊、永恒的爱情和对佛祖的虔诚之心都在此之例。因此，藏胞把梵文佛经《六字真言经》的“唵嘛呢叭咪吽”简称“玛尼”刻在石头上；这就是玛尼石的由来。

玛尼石刻“大成就者”（据韩书力）

在西藏各地的山间、路口、湖畔、江边都能看到各种各样的玛尼石。上面除了六字真言，还有慧眼、佛像、神像和吉祥物的图像，它们或组成玛尼堆，或叠置成玛尼墙、玛尼塔，或置于玛尼屋中。因此，玛尼石既蕴含为人指路的善意，也含有表达祈福还愿、积德行善和事事如意的美好愿望，还有供奉神灵、敬畏大自然的作用。

西藏地区路边常见的玛尼吉祥小石屋（尚滔　摄）

的确，藏民热爱山热爱水热爱石头热爱自然界的一切是出了名的，他们认为自然界的一切都是上苍馈赠的，上苍是子民们心目中的神。这既是自古流传下来的自然崇拜的遗风，又导出了热爱自然的朴素道理。

人们在青海塔尔寺的庙门口会看到一块约半米高、略瘦长而表面光滑平整的石头，看似十分平常，却被藏胞尊称为“母亲石”。人们对

拉萨药王山上的玛尼石刻塔（据《中国国家地理》）

着它顶礼膜拜，有的给它撒一把糌粑，有的给它抹一层酥油，有的为它放上几缕红线，有的在上面置一两枚银针。它为什么这样受到尊重？原来它的背后藏着一份对藏传佛教格鲁派（黄教）创始人、佛教理论家宗喀巴大师和他的母亲的深深的敬意和怀念。

塔尔寺是宗喀巴大师的诞生地，是藏区黄教的六大寺院之一。宗喀巴从小聪慧过人，三岁受戒学经，后远赴拉萨学法多年。他的母亲每天远望拉萨盼儿归返。下山背水累了就在这块石头旁歇息，想起孤身在外的儿子，泪水落在石头上，汗水抹在石头上，真是“慈母手中线，游子身上衣”啊！其母思儿心切，让人捎去自己的一束白发，寓意老母已白发苍苍，希望他归来一晤；而宗喀巴为佛教事业决意学业成功才回家，给母亲和姐姐各捎去一幅用自己的鼻血画成的自画像和狮子吼佛像，以解思念之情。后来宗喀巴创立了黄教，塔尔寺成了佛教圣地，这块“望儿石”便被移至庙门口，成为万人瞻仰的母亲石，代表母亲的思儿之情，也寄托着佛众对宗喀巴大师的尊崇之意。

蒙古族也是一个酷爱大自然的民族。由于除了莽莽草原，难得一见山和山上的石头，所以他们特别珍惜所见到的每一块石头，哪怕是一颗小小的石子。蒙古族姑娘在放牧的时候，撒开了羊群，骑上枣红马，在草原上巡回一番，歇息下来便开始捡拾石头，在路边或丘陵的小山包顶上，堆起一堆堆的石子，路过的牧民也顺便放上几块，以示敬重和加力；他们管这些堆起来的石头堆叫“敖包”，或者叫“鄂博”，意为“堆子”。

说起敖包，人们就会想起那首叫《敖包相会》的电影插曲，以为敖包只是男女青年恋爱相会之地。其实敖包文化的内涵远远超过了男女青年约会的含义。一位蒙古族石友告诉我，敖包本来是为帮助路人引路，或者指示地域分界的，后来逐渐演变成祭祀山神和路神的圣地，类似于汉族的土地庙：蒙古族同胞凡出远门，或远途归来，见到一座敖包，都要给它献上一条哈达，表示自己的敬意，祈求旅途平安。每年六七月间，牧民们都要公祭敖包，礼毕还要举行传统的赛马、射箭、摔跤和唱歌跳舞的草原那达

蒙古族同胞为敖包敬献哈达（倪集众　摄）

慕，男女青年也借此机会来个真正的敖包相会……

“蒙老乡”——到过草原的汉人都学在内蒙古工作的人这样称呼蒙古族老乡，对石头的钟爱还远远不只这些。他们与藏族同胞一样，特别喜爱镶嵌有绿松石的宝刀和佩饰。他们告诉我，那是因为绿松石色泽鲜艳，犹如雨过天晴的天空，象征着青春、和平和朝气，预示着秀丽、清新和宁静。可以想象，内蒙古、青海和西藏的大草原不就是这样一派人与自然和谐的景象吗？绿松石蕴涵着各民族人民的怀念与希望：怀念那种“天苍苍，野茫茫，风吹草低见牛羊”的光景，期盼风尘沙暴快快成为过去，让草原永远阳光灿烂，六畜兴旺。

在内蒙古克什克腾旗有一处十分罕见的花岗岩石林——阿斯哈图，石林中形态各异的石柱和石崖拔地而起。它是由冰川、风化和风蚀作用合力雕凿而成的花岗岩石林；而这样的花岗岩石林不仅在中国，就是在全世界都是极为少见的。在这美不胜收的天然石林中流传着许多美丽的传说。据说，征服过亚欧大陆的蒙古族英雄成吉思汗和他的三个姊妹的亲情，深深地融入了阿斯哈图的石柱：传说当年成吉思汗在阿斯哈图巡游打猎，陶醉于这里美丽的景色，便将其作为部落的夏季营盘。在他出发远征时，他的三个姊妹留守在阿斯哈图，盼望他早日征战归来。可是，三姊妹最终也

阿斯哈图花岗岩石林流传着成吉思汗美丽的传说（据《中国国家地理》）

没有等到他回来，遂变成三根石柱，一直守护着旁边哥哥拴马的一块石头——拴马桩。

蒙古族人对石头之爱，可以说融入了他们的日常生活之中：他们按照祖上的规矩，把带回家的石头挂在蒙古包最显眼的地方。因为他们相信石头会保佑全家幸福、安康，即使暴风雪也吹不走石头，毁不了蒙古包：因为有石头帮他们守护着家，在狂风暴雪中，他们的家将岿然不动。

也许是蒙古族人民热爱石头的情思感动了上苍，在地质历史的新生代时期，内蒙古辽阔的草原上发生过多期的火山喷发，留下了许许多多火山的产物——玛瑙和硅质岩石，为后来生成戈壁石和戈壁玛瑙提供了充足的物质基础。笔者有幸在内蒙古阿拉善左旗深深感受到他们藏石、赏石和爱石的热情。问他们为什么这样喜爱石头，一位蒙老乡告诉我，那是因为石头给了他们快乐，使他们致富，所以打心眼里喜欢石头。他们用玛瑙般清纯的语言道出了热爱自然的心思。

我国西南地区是连接着拔地而起的青藏高原的大片山地，包括云南、贵州、四川、广西在内的山区，聚居着苗族、彝族、瑶族、壮族、侗族、布依族、水族，以及白族、傈僳族、回族、满族、怒族、佤族、纳西族、哈尼族、布朗族、拉祜族、景颇族、德昂族、普米族、阿昌族、基诺族和独龙族等少数民族，他们久居大山，与山、石、水、树有着种种特殊的感情，他们爱山、爱石、爱水、爱树，爱大自然的一切，爱我们伟大的祖国的一切。

石头使内蒙古老乡发财致富：小巷里的家庭作坊
（倪集众　摄）

下面来看一看笔者在与几个少数民族朋友相识过程中所了解到的他们对石头的珍爱之心和崇拜之情，虽然只能说是他们的自然观和地球观所反映的“凤毛麟角”，更不能说就代表了少数民族石文化的全部内涵，但是已可见一斑了。

苗族是一个古老的民族，他们的石文化意识充分体现了一个远古民族的自然崇拜文化的特色。他们是神州大地上与汉民族同样古老的原住民的族群之一。他们认为自己是与炎帝、黄帝同时代的蚩尤的后裔；虽然蚩尤在逐鹿中原的战斗中被击败，但他永远是苗民心目中的祖先和英雄。苗族的历史是中华民族历史中不可分割的一个组成部分，苗族对中华民族光辉灿烂的文化作出过并将继续作出巨大的贡献。譬如，苗族的先民认为，组成宇宙万物的原生物质是龙、雷、夔三物，并以水、火、气为代表，记为“三专”；汉族的金、木、水、火、土“五行”，即为苗族的光、气、水、土、石。这些文化的概念表明，他们与几千年前中华大地上的所有民族一样都崇尚自然，认为自然界一些巨型或奇形怪状的物体是灵性的体现，理所当然应该受到顶礼膜拜、酒肉祭供。因此，他们崇拜巨石、怪崖、岩洞、大树和山林；他们这种原始崇拜的文化内涵，都能在苗民的“圣经”和世界观的教科书——《苗族古歌》的故事中找到实例。

苗胞认为石头是有生命的。因此，他们与石头相依为命，将石头视为心目中的“神”，愿意也应该与石头对话，与自然界沟通；希望通过石头，实现一些个人的愿望和社会和谐。

苗族的文化行为中有不少与石头有关，譬如在苗族聚居区常常看到祖

苗民心目中的保护神祖母石（安红　供稿）

母石、栽岩、土地神、岩爹、岩妈和指路牌。

祖母石是苗民心目中至尊至圣的保护神。

栽岩也称“埋岩”，是苗族在没有文字状态下的一种“立法”活动。苗语叫“构榔”，可意译为“议榔”。相当于某一地域内由村寨首领共同议定的乡规民约。栽岩是议榔的重要标志之一，表明这一活动“有心目中最神圣的石头为证”；石头是神灵的代表，是显现神之威望的一种形式；换句话说，议榔是苗民心目中的“法庭”。《议榔词》中载明：“议榔在石头，石头有印子。议榔在石头，榔规才不变。”贵州黔东南苗族侗族自治州的都柳江流域和雷公山附近都盛行这种栽岩活动，以从江岜沙的议榔石和雷山县方祥乡水寨村的议榔石最具代表性。

栽岩（安红　供稿）

苗族的土地神相当于汉族地区土地庙中的土地菩萨。他们被供奉在由木制或几块石头（石板）搭成的极为简陋的土地屋中，或置于村寨旁的路口，或大路边行人歇脚处。讲川、黔、滇方言的苗族分支家族则信仰家神：祭拜家中所设的“家神”偶像。逢年过节，都会在土地神前杀鸡滴血、沾鸡毛，以拜虔诚之礼。

苗胞杀鸡祭岩（安红　供稿）

苗族人通常会在寨门口、三岔路口或容易迷路的地方树一块岩石为人“指点迷津”，这就是“指路牌”。希望通过这样的善行，保佑家中的病孩消祸灭灾，健康成长；或者为人“挡箭”，祈求人生幸福和长寿，家庭安康，和睦兴旺。这一习俗相当于“积德从善”的佛家思想，可见他们对石头的信任和敬重。

苗胞几乎都有拜祭岩爹、岩妈的习俗，通常是将喜欢的石头置于祖先神龛的灵位前，或房前屋后，或田间地头，或某处的山上，恭恭敬敬地拜祭。他们视岩爹和岩妈是自己生命的守护神，祈望得到他们对健康和平安的庇佑。

岩爹、岩妈与指路碑的区别，在于借助“二老”自有的神力，与指路碑、挡箭碑通过帮助他人，达到祈求平安的作用。“积德从善”。虽有一定的差别，但都符合佛家的思想。

这些对石头的原始崇拜在现代苗胞生活中打下深深的历史烙印。聚居

庙中的石神（安红　供稿）

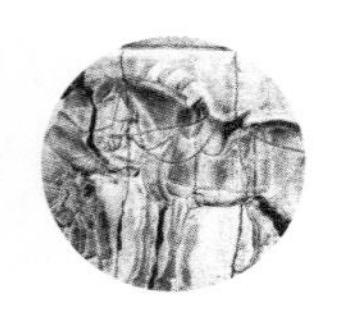

这不是墓碑，而是为他人行善的指路碑（安红　供稿）

在贵州黔东南苗族侗族自治州从江县的一支苗民——岜沙人，就是这样将石头作为“镇寨石”，进行传统的岜沙文化教育。寨子里大小事情都由年纪较大、代表权威的长老们出面解决，当着全寨人的面，在镇寨石面前处理寨务。

像岜沙人这样以石头作为镇寨石的，在贵州黔东南苗族侗族自治州的苗民居住区颇为盛行。自古以来，每年农历二月初一和八月初一，全村男女老少集中在石碑前，重温乡规民约，进行文明教育。

我国的水族、布依族、土家族、彝族和侗族也都有悠久的崇尚石文化的传统，有的与苗族一样崇拜石头，以石头作为镇寨石，有的信奉“石公菩萨”和“石奶菩萨”。他们在山上找到两座状似人形的石崖，定期或不

路边的指路碑所表达的夙愿（安红　供稿）

相关链接

岜沙人是苗族的一个分支，聚居于距从江县城 7.5 千米处。他们至今还扛枪游走于山林，被称为中国“最后的枪手部落”。他们有枪，社会却很祥和平安。他们自有一套解决社会问题的体系，部落中的大小事情都由长老们商议掌管。

岜沙人崇尚自然，崇尚树木，信仰树神；树是岜沙人的图腾。

定期地进行供奉，祈求菩萨保佑风调雨顺，国泰民安。一位颇有彝文化造诣的彝文学者告诉我，彝族文化经历了从原始崇拜到祖宗崇拜的过程：最先他们信奉自然界的十大神，包括山神、岩神、石神、水神、洞神、树神、草神、海神、花神和地神。他们的祖宗名叫支嘎阿鲁，如今贵州威宁县草海中的阳光山就是他的休憩地。这位彝族的第一个大土司死后埋在威宁银仓镇，那里的大坡上有一座用石头建造的“向天坟”，现在成了川黔两省彝民的朝圣之地。

同样居住在西南崇山峻岭中的羌族，可以说是一个在建筑方面灵活使用石头的民族，在这么多少数民族中，他们以碉楼、石砌房、索桥、栈道和水利筑堰的技术而著称；他们把石头灵活地用到了极致。在 2200 多年前修建的都江堰灌溉工程中，不仅有羌族民众的劳力和血汗，还吸收了羌人巧用石头的经验和智慧。

羌族也有建石塔以祭祖的习俗；他们的碉楼建筑更是别具风格。早在

贵州三都县水族所崇拜的石公菩萨和石奶菩萨（鄂芳　摄）

2000 多年前,《后汉书》中就有了他们用石头建筑碉楼的记载了。碉楼多建于村寨边或住房旁，10 ~ 30 米高的碉楼，既可用来瞭望和御敌，又可用来贮存粮食和柴草。碉楼的建筑材料就是石片加黄泥巴，曾经发现过矗立几百年而不倒的碉楼。笔者在经历过“5・12”大地震的北川县城就看到这样的一座碉楼。

“5・12”地震时北川县城中屹立的碉楼（倪集众　摄）

羌族的石砌房民居是石片砌成的平顶房，方形。房顶平台的下面是石板或木板，伸出墙外构成屋檐。石板上密覆树丫或竹枝，再压盖上夯实的黄土和鸡粪；房顶以洞槽引水，不漏雨雪，冬暖夏凉。这些平台可作为晒粮食、做针线活及老人、儿童游戏和休憩之地。建在崇山峻岭中的碉楼和石砌房组成的羌寨，使羌族获得了“云朵中的民族”的称号。

羌族的平顶房和碉楼（选自《中国国家地理》）

据说，1400 多年前羌民就创造了索桥（绳桥）。他们在山高水险的两岸建起石砌的洞门，门内立石础或大石（木）柱，石础与石（木）柱上挂以胳膊般粗的数根至数十根竹绳，竹索上铺上木板，两旁再加上竹索为扶手。这些山区最常见的石头和竹子都派上了用途。

悬崖峭壁上的栈道，有许多全是用石头筑成的石栈，还有水利工程需要修筑的堤堰都离不开石头，正是羌人发挥聪明才智之处。

在羌族聚居地区常常可以看到住房地基的四个角上有一块白色的石头，灰色背景中特别显眼。羌民告诉笔者，那也是祖先传下来的习俗：很早以前，羌族同胞经常受到一种怪物的骚扰，时有战事发生。后来一位土司做了一个梦。梦中得到圣人的指点：在房子的四个角上各放一块那妖物最怕的白色石头……一梦醒来连忙照办，果然灵验，从此天下太平。于是有了这样的习俗，有了对石头的尊崇。

全国百分之九十五的布依族都居住在贵州境内的山地上，这就为他们娴熟地使用石头构建民居创造了条件。布依族的民居绝大多数是就地取材，依山傍水，错落有致。除了梁、柱、楼板和门板，其余都是用石头，甚至有的柱子干脆也用上石柱。走进布依族家庭，石头做的家具更是应有尽有：桌子、凳子、水缸，甚至碗都可以拿石头做成。布依族民众真的把石头用到“家”了。

宗教文化与石头

宗教文化与石头的渊源由来已久，既宣传了宗教的教义，又融入了石文化的含义。无论是佛教或伊斯兰教，还是基督教，或者天主教，对地球上的各式石头都情有独钟。

你知道一些教堂和清真寺与石头有关吗？埃塞俄比亚就有一座从整块大岩体中开凿出来的拉里贝拉教堂，非洲某国则有一座全部用珊瑚构筑的清真寺。

用大岩体开凿出来的拉里贝拉教堂

“悬在半空”的曼代奥拉修道院（据李军：《世界文化与自然遗产》）

澳大利亚墨尔本“十二门徒公园”中的几块基石（倪集众 摄）

希腊品都斯山脉地区有许多高达500多米的悬崖峭壁，十六世纪时希腊正教的修道士们为求得清苦修道，在这些悬崖上修建了不少修道院，其中最高的一座取名“曼代奥拉”，即取当地语的“悬在半空”之意。

在土耳其首都安卡拉东南300千米处的卡帕多西亚火山岩地区，有一处基督教徒建造的一个教区。他们很早以前就来到这里布道，使这里成为基督教徒传道和修身之地。整个地区已发现有36座“地下城，其中以德林库尤为最大。那里的地下挖掘有18～20层的“楼房”，深入地下八九十米。其中1200多个房间装上了通风设备，分别用作储藏室、葡萄酒窖、厨房、教堂、坟墓、学校和养畜场。这里万把人的居民平时生活在地面，战时即藏匿于地下，用巨石封堵通道，与入侵者展开“地道战”。为躲避罗马统治者的迫害，教堂与教堂之间开凿了联系的地道，遂使这里成为一个巨大的教区：600多座教堂星罗棋布地位于小尖岩的顶部。

有意思的是，在澳大利亚南海岸，由于海浪的侵蚀作用，在靠近岸边星罗棋布地留下了露出水面的礁石，一数刚好12块——与耶稣的12位门徒相符！于是，这里成为一个既有宗教意义，又有观赏价值的公园。

至于佛教与石文化的联系，看一看遍布全球遍布全国的石窟、摩崖和佛像、佛经的雕刻，就自然会有深刻的体会；关于这一点在有关章节中将有详细的论述。

新疆吐鲁番柏孜克里克千佛洞，完全是从石崖中开凿而成，说明佛教文化与石文化的密切关系

佛教有不少与石头有关的传说。笔者考察德宏傣族景颇族自治州时，在潞西、陇川和瑞丽三县市交界的莫里热带雨林区见到一座寺庙，附近有一座造型别致、小巧玲珑的佛塔。据说，当年佛祖释迦牟尼游历到此，为僧众传经布道。不料适遇山洪暴发，洪水泛滥，“人或为鱼鳖”。佛祖毅然参加救助，决心拯救灾民于艰难竭蹶之中，一直到洪水退走，他才到远方继续他的事业。救灾过程中他的一只脚印就留在了一块岩石上。如今，这块印有他脚印的石头就保存在这座塔中。

保存有释迦牟尼脚印的佛塔：云南德宏州莫里热带雨林景区（周新民　摄）

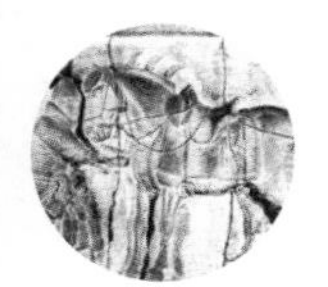

“巢凤寺”大殿（陈跃康　摄）

史载明朝初年，一位云游高僧在现今贵州贵阳市清镇一山顶上看到一方奇石，外形像一个鸟巢，里面蹲着一只“凤凰”，遂命之曰“巢凤石”。于是在附近造了一座寺庙，以它的原型命名寺庙为“巢凤寺”。《巢凤石记》中曰：“东山之巅有石焉，穆如天地之间，侧视之，如凤于巢然，因以为名。”

的确，巢凤寺周边绿树葱茏，风景秀丽；晨曦初起，炊烟袅袅，晚霞西下，景色如画，不论酷暑夏日，上得寺来凉爽宜人，不管天寒地冻，总是令人心旷神怡；自此数百年来香火经年不衰。真个是“寺因石得名，石因寺扬名”：如今巢凤寺盛名远扬，“巢凤石”成了贵阳市的地标石。

石头里的文化

看来，每一种石头都是“文化”水平很高的“学者”，它们虽然“一字不识”，又“无口无言”，可是肚子里装的学问难倒无数的地球科学家，更不用说把这些学问提升到文化的角度，可能是我们一辈子都学不完、搞不清的。让我们一起努力探寻吧。

上文讲的是石头在各种文化形态中的地位和作用，现在来看看矿物与岩石本身所蕴含的丰富的文化内涵。为了方便叙述，我们从两个角度看石头的文化“水平”，探索它们蕴含的深奥学问。

有一类矿物和岩石的文化价值很直观，例如把石头作为建筑材料盖房子，铺桥修路，雕刻成各种艺术品、纪念品，或者作为一种能够持久保存的载体，在上面刻画凿字，即以石头为载体，生产出砚台、雕刻、石碑、石经、石鼓之类的艺术品，体现出石头本身丰富的文化内涵，演绎出砚田文化、建筑文化、刻石文化和印章文化。以石头为文化载体的另一种表现是将石头作为用具，譬如作为各种生活用具、交通建设工具等，以至类似“石敢当”的界碑、界桩和令人匪夷所思的间谍工具。

另一类石头的文化价值不是很直观，需要以文化的眼光去思考和欣赏。这主要是指宝石、玉石、观赏石、园林石和景观石等有观赏和收藏价值的石头。从表面看，自然界找到的宝石和玉石也许不一定都很好看，需要经过清洗、养护、切磨和抛光，不允许“动手脚”的观赏石更要经过思考和欣赏，给它们题名、配座或配诗，演绎出赏石文化、宝玉石文化、景观石文化，等等；因此，这些文化被称为“发现文化”。这一类文化留待下一章“雅石文化”来讨论。

石头的直接作用几乎表现在人类生产和生活各个方面，下面的三个例子简直可称为平凡中的不平凡实例。

2005 年，抗日战争胜利 60 周年之际，中缅—中印公路（史迪威公路）的交汇处——畹町桥边摆出了一个当年用作压路机的石磙，上面写着：“万众筑血路，机工谱丹心；远征壮影行，铸就抗日功。”它记载了中国人民在抗日战争中的艰难困苦，也是石头为人类做出贡献的记录。

“一石两国”的界桩深刻地体现了中缅两国人民的胞波友谊。人们从这块玉化木标志的石边走来，自觉地停留下来，绝不会跨越国界半步。在云南省瑞丽云井村这个边境小村庄里，除了这个“一石两国”，还有“一井两国”“一路两国”“一桥两国”“一屋两国”和“一‘荡’（秋千）两国”的有趣现象。

“石头间谍”！真是匪夷所思。据中央电视台报道，俄罗斯安全部门在某公园内发现一块奇异的石头，竟然是间谍的作案工具：在挖空的石头中藏有情报，情报人员通过接收器神不知鬼不觉地回收情报。

畹町桥边的抗战石碌（左）；中缅边境云井村的“一石两国”（右）（倪集众　摄）

某国藏匿和转送间谍情报的石头：一块“普通”的石头（左）内藏机密情报（中）；收取情报（右）

石头与人体健康

石头与人体健康的关系有两个方面。

第一个方面是人的身体健康，受到三个层次环境的影响：地球在太阳系中所处的环境、不同地区的地质环境以及家居环境。

第二个方面是从个体的“人”而言，人为什么会生病？生病就是免疫系统出了毛病，或者是机体某些功能的失衡，这些“毛病”和“失衡”既与人居环境、卫生条件有关，也与个人生活习惯、饮食习惯以及遗传基因有关，但归根结底，都与人体内部的元素失衡密切相关。

地质环境与人体健康

地质环境的影响：与石头有关的人居环境和当地的土壤、饮用水的关

系最为密切。

人类生活在地球上，要健康地生存还真不容易，喝河里或井里的水，吃五谷杂粮和蔬菜，自然与地质环境有着密切的关系。因为水要流过地表的岩石，或者在近地表的石头中渗透、过滤；而生长庄稼的土壤母质，本身就是当地岩石的风化产物；也就是说，土壤无机成分的组成取决于当地的岩石成分。譬如，我国东北黑土的母岩主要是火山岩和火山灰，它们含有丰富的来自地球深部的微量元素，为土壤提供了大量营养物质；这就为“东北三宝”——人参、貂皮、靰鞡草的生长创造了条件。而黄土高原上的黄土，是风的吹扬和以石英和长石之类的矿物颗粒为主沉积而成的沉积岩，肥力就差得多了，加上气候变化、水土流失和缺水，土壤中营养物质难以得到保留和补充。

有关水和土对人体健康的影响，在我们这套丛书的《上善若水》和《美丽的五色土》中都有相关的叙述，此处不予赘述。仅举如下数例以说明由于岩石中化学元素的失衡，抑或水土流失所致的有益元素流失问题的严重性。

环境地球化学家把原生的岩石环境和受污染的环境分别定义为“第一环境”和“第二环境”。也就是说，第一环境中的土壤和水的性质是当地的岩石所含元素的多少所造成的；即为“原生环境”。第二环境则是指由于人类生活和生产活动，使环境中叠加了原来没有的元素（这些元素大多是一些有害或有毒元素），即所谓的“污染”——“次生环境”。

“污染”是化学元素种类和含量变化的表现。一般所说的污染对环境中化学成分的影响包括三个方面：元素种类的增多或减少，各元素绝对量的变化，以及不同元素之间比例的变化，这些变化都会直接影响到人体健康。

例一：碘缺乏症是危及全球 14 亿人生活质量的疾病，它主要是由于地区性的缺碘所致。我国也深受其害，约 4.25 亿人受到病害的威胁。由于缺碘，特别是胎儿发育的最初三个月，脑部发育时期如果受到侵害，就会罹患地方性甲状腺肿（简称地甲病）或地方性克汀病。其症状表现为发育缓慢，反应迟钝，身材矮小，智力低下，聋哑，痴呆，严重影响到人口的质量。婴儿的患病多系母亲的遗患，全国 1000 多万智残者中有 80％为碘缺乏症所致。碘元素是人体所必需的，少了不行，多了也不行；如果长期饮用含高量碘元素的水也会引起体内元素的失调而生病。

相关链接

燕山运动是中国东部沿海和东亚濒临太平洋地区发育广泛的重要构造运动，发生时间贯穿于整个侏罗纪和白垩纪期间（距今1.9亿～6500万年）；表现为岩层的褶皱、断裂和大量的岩浆侵入和火山喷发。如浙江、福建地区的大面积火山岩和华南地区的大量花岗岩都是它的“成果”。

一个地区的土壤和水中缺碘或富碘主要取决于当地岩石的种类及其成分。

例二：克山病是一种心肌性疾病，病人经常在寒冬腊月突然死亡。大骨节病表现为骨头关节严重肿大，发育矮小，直至丧失劳动力。这两种病长期威胁着我国农村人口的生活质量和生命安全。

我国地方病病区的水和土壤地球化学调查发现，微量元素（特别是硒、钼等元素）、不同元素的组合和各元素含量比例关系对于人体健康有至关重大的影响。从我国东北到西南，有一条与大兴安岭—太行山—武陵山—云贵高原巨型构造带一致的贫硒和贫钼的地带，克山病和大骨节病病区正好位于这条“带”内。

例三：1994年南方沿海某省的一项调查发现，肝癌的发病率沿海高于内地，不同发病率地区的锡、锶、钒、磷和铷含量与肝癌发病率呈负相关，钙、钍含量则与之呈正相关。这表明地质环境与人体健康的关系远非仅仅表现为与岩石成分的关系。

研究表明，南岭—武夷山的鼻咽癌发病区与华南造山带大体吻合，燕山期花岗岩、火山岩及其有关的钨、锡、银、金等金属矿区是这些疾病的高发区。食道癌与一些地方病几乎无例外地都位于断裂构造的交叉部位。天山—阴山—大兴安岭一线的砷中毒带则与该地区的复合构造带相重叠，如此等等。

例四：微量元素是人体必不可少的成分，它是构成和维持生命的重要物质基础，某些微量元素是机体中好几种酶的主要成分，有的微量元素还参与激素和维生素的结构，有特异的生理作用；此外，微量元素还能调节人体内的渗透压、离子平衡和酸碱度，以维持人的正常生理功能，在遗传

中也有一定的作用。譬如，我国东北地区硒元素缺乏与克山病的关系，河南林县食道癌高发区除其他原因之外，还可能与缺铜有关，侏儒症和生殖功能低下的病症可能与缺锌有关，而且人体中的微量元素，即使是有益的元素既不能少也不可太多，多了少了都会引发疾病。

例五：人居环境除了住家的室内装饰和室内环境外，还包括办公室、教室和其他办事场所的环境。这些场所最要紧的是防止来自地基的氡（气）污染、建筑物的建材、装修材料，以及手机和家用电器的电磁波侵害。

（1）底层住户要注意建筑物基底的土壤、岩石，以及矿渣砖、煤渣砖、沙石和水泥等建筑材料中的氡气的聚集，特别是地下室的氡浓度往往比地面居室高出 40 倍左右。

（2）水泥、石灰、三合板、油漆和涂料中的甲醛、苯、聚乙烯和三氯乙烯等会通过皮肤和呼吸系统进入血液，降低人的免疫功能，甚至诱发全身疼痛和致癌。

（3）家居生活如长时间受到大剂量的手机、电脑显视屏和高压电线等所产生的电磁波照射时，会损害中枢神经、免疫功能、心血管系统、视觉和生殖系统，还可能因遗传后代而致新生儿先天性缺陷，或诱发细胞变异和癌症等。

能健身和治病的石头

石头用于健身，首先是指它们可以用来锻炼身体。石头是增强体力最好的“武器”：石头凿成锁形或圆盘形，做成石锁或石担可代替举重用的杠铃；或者把沙石袋绑在腿上，锻炼脚上功夫。这在民间习武和现代运动员的训练中已是司空见惯的“体育用品”了。

二十世纪七八十年代的日本，曾掀起一股赤脚在鹅卵石路上进行足底按摩的热潮。据说这种简单易行的方法能治愈好多病，甚至成了失眠者的“福音”，人们趋之若鹜。后来这种“石头按摩”的健身运动越过太平洋到了美国，参照沙漠“埋沙”的模式，稍加改进，把加热的石块堆在身上，取得了“热疗”与“重（压）疗”兼而有之的疗效，好不惬意！其实这种“热疗”的方法古人早已屡试不爽。据说古代的桑拿浴就是用烧红的石头制备蒸汽，把水泼到石头上，在蒙蒙的蒸汽中洗澡、排汗，达到健身的目的。这种“石疗”的方法有点类似于病人住进山洞的“洞疗”，利用洞穴环境治疗疾病，据说对一些顽疾的疗效颇佳。

人们喜欢佩戴各种宝石和玉石的首饰，也是有道理的：它们不停地摩擦着人体经络系统的穴位，发挥了按摩、施压与电磁场的作用，促进了血液循环，无形中起到了对人体的保健作用。

用石头作为治疗的方法叫“石疗法”，是一门古老的医学。古希腊的赛奥夫拉斯图就撰写过有关石疗的专著。古罗马的医师也研究和采用过石疗法。美洲的玛雅人和印第安人也有用石头诊断病症和治病的丰富经验。古代的日耳曼人和斯拉夫人有曾用琥珀治疗喉部疾病和代谢系统疾病的记载。中国传统中医也采用过石疗法。

中医的针灸（针法和灸法的合称）中的“砭术”，就是以石头当“针”治病的一种手段，可惜使用方法已经失传。二十世纪九十年代，杨浚滋先生在山东古泗水流域发现了可用于制作砭具的岩石。仅从石头的性质来看，砭石不像人们吆喝的那么神奇，它只是普普通通的一种石灰岩（简称为灰岩）。它与一般的不能治病的灰岩的区别在于它特殊的成分和结构。矿物学家研究发现，砭石是一种致密的微晶粒状结构的灰岩，碳酸钙的含量达96%，不含有毒元素，放射性核素含量极低，含有微量的黄铁矿、锐钛矿、石墨和有机碳；这 4 种成分呈纳米粒子状态产于方解石之中，使砭石辐射出对人体有益的远红外射线，加热后有疏通经络、活血化瘀、调理气血的理疗功效。

能当药吃的石头

现在看看石头的化学性质（或者配合一些岩石的物理性质），作为健身和治病的“药”对人体会有什么好处。

中医书籍中有一种称为“五毒”的药，是主治外伤的五种药性猛烈矿药。《周易·天官》云：“凡疗伤，以五毒攻之。”这五毒是由石胆、丹砂、雄黄、礜石和慈石在坩埚中连续加热三天三夜，以其粉末状成药涂抹患处，疗效甚好。

中国人早就对石头的药性有所研究。公元前 100 年成书的《神农本草

相关链接

端午节，我国一些地方有饮雄黄酒的习俗。但雄黄的成分是硫化砷，砷具毒性，因此雄黄酒有毒；在酒的扩散作用下毒性更强，有害身体健康。所以，雄黄酒不可随意饮用。

经》中记载有46种矿药，其中“石钟乳”“石笋”这样的一些矿药名称一直延续至今，成为现代岩石学、药物学的通用名词。明朝医药学家李时珍完成的《本草纲目》记载的矿药达160多种。1995年版的《中华人民共和国药典》收载的矿药为22种。

中医、藏医、蒙医、回医、苗医都拿矿物和岩石入药，几百年甚至数千年的历史证明，矿药的疗效还真不错。笔者从地质出版社出版的《地球科学大辞典》中粗粗数了一下，不下一两百种呢！由于矿药的药性大多甘、温、平（或寒，或辛），无毒，因而常具清肺、祛痰、止痛、消肿的功能，使它们被中医和各种民族医药所利用，而且疗效显著。

矿药可以分为解表药、清热药、止血药、活血药、泻下药、利水渗湿药、温里药、理气药、祛风湿药、消导药、化痰平喘药、驱虫药、安神药、熄风药、开窍药、补益药、固涩药、涌吐药和外用药。譬如，磁铁矿主治头目眩晕、耳鸣耳聋、肾虚气喘、惊悸失眠等；阳起石有温肾壮阳、暖宫调经之效；斜方晶系的硝石主治痧胀、吐泻、黄疸、淋病、便秘目赤和疗毒臃肿等；黄土中的钙质结核可外敷治疗毒、跌打损伤，或内服治中暑吐泻、痢疾等；被中医称为“花蕊石”的蛇纹石大理岩则能化瘀、止血，主治吐血、衄血、咯血、便血和崩漏，外敷止金疮出血等。

常见入药的矿物有辰砂、密陀僧、石膏、雌黄、雄黄、石英、青盐、滑石、芒硝、磁铁矿、红宝石、蓝宝石、云母、硼砂、阳起石和毒砂等。能入药的岩石有麦饭石、浮岩、白垩、石灰岩、黄土、钟乳石、石笋、姜结石、细砂岩、粉砂岩、含蛇纹石大理岩、绿泥石云母片岩、星点状板岩、绿松石、隐晶质透闪石阳起石岩，以及动物骨头化石（龙骨、龙牙）、腕足类化石、玻璃陨石（雷公墨）和动物的结石——牛黄等。

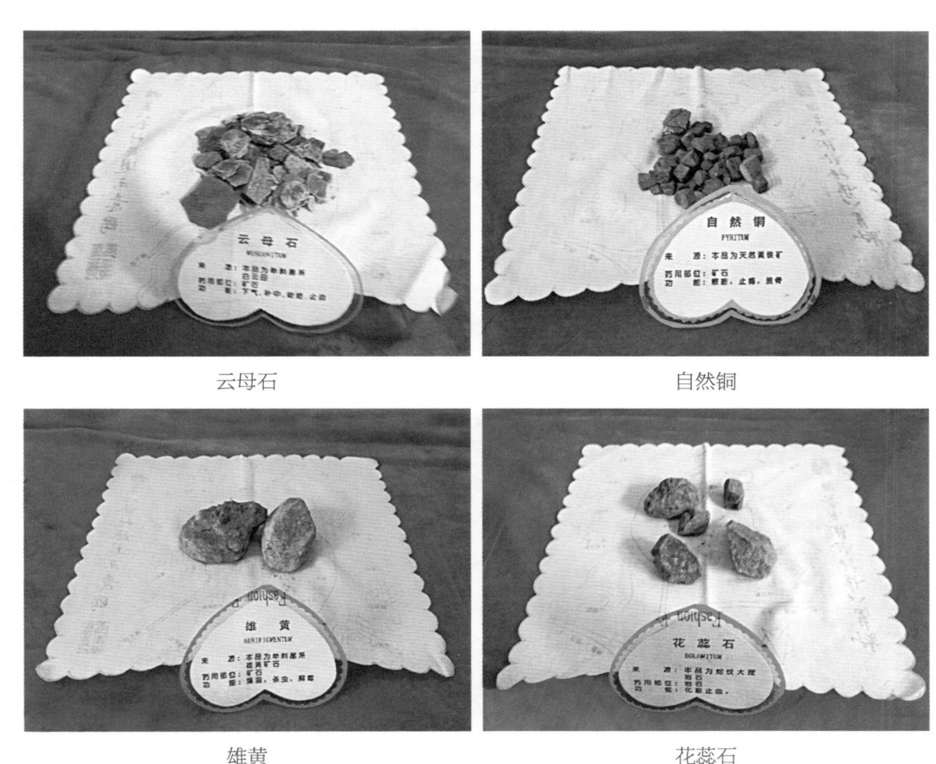

云母石　　自然铜

雄黄　　花蕊石

浙江兰溪诸葛村展出的数十种矿药之四（倪集众　摄）

石头为什么能健身和治病

吃下石头既能健身又能治病，自然是有科学道理的。因为人体的骨骼、肌肉、血液、神经组织和各种体液的组成，说到底是由元素组成的。体质虚弱甚至病魔缠身跟我们上面说的纯净的水被污染一样，要么多了一些无用甚至有毒的元素，要么一些有用元素的含量过多或过少、相互间的比例搭配失调，不管是吃人造的合成药，还是服用天然的矿药，其目的不外乎排除身体中的毒素，或者为调理和补充体内失衡了的元素分布。

有趣的是，包括人体在内的动植物体（有机界）内的化学元素组分和由石头组成的地壳（无机界）的成分相比较，除了岩石、土壤和水圈中的硅元素在“质”和“量”上与人体、动植物稍有不同外，不管是常量元素还是微量元素，无机界与有机界竟如此相似：它们的各种元素平均丰度

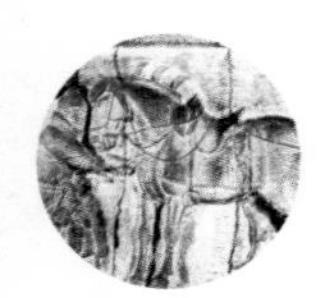

的自然对数值都遵循同一个法则——线性相关。这种化学平均丰度变化趋势的一致性，说明无机界与有机界的基本组成物质（化学元素）是按某一个相同的规律运行的。假如人体中某些元素失衡了，拿自然界的物质来补一补，效果自然差不离；如若严重失衡甚或已经病入膏肓，则为时晚矣。所以“生命在于运动”，平常要经常活动，促进血液循环，调整新陈代谢；一个好的生活习惯和饮食习惯（不偏食）是健康长寿的一种保证。

中医还有一种“以毒攻毒”的办法。现在大家知道水银是有毒的，人体内积累了以甲基汞（CH_3Hg）形态存在的汞元素，就会罹患水俣病。这种病的初期症状是生长滞缓，发育缓慢，严重者直至死亡。据《神农本草经》记载，中国古代常用水银治疥、瘘、痂、疡、白秃和皮肤病等疾病。这就让它发挥以毒攻毒的作用。

还有必要提醒的是中医的矿药与草药一样，也很讲究地道药材。所谓“地道药材”是指某地所产的草药或矿药较之其他地方者对某种病症的疗效特别高。例如，湖南辰州（今沅陵）的辰砂，山东莱阳的“桂府滑石”，青海盐湖的“青盐”等。其道理就在于产地的不同，形成矿药的地质环境和产状也会有所不同，其中所含元素的种类、含量和各元素之间的比例都会有所差异。当然，矿物和岩石成分的差异也直接影响到土壤化学成分的不同，自然也影响到生长草药的土壤的成分。

砚田中的文化

中国古代读书人一向以文墨为生计自居。

有诗为证。苏轼云：“我生无田食破砚，尔来砚枯磨不出。”戴复古曰：“以文为业砚为田。”看来，在他们的眼里，砚台就是“田地”或“砚田”。他们不仅亲昵地称砚台为“墨海”“石友”“璧友”“石泓”，还尊称它们是“即墨侯”“若屋上人”“离石乡侯”“铁面尚书”或“润色先生”。

即使是近代或现代的中国文人，也常常自喻是“喝墨水长大”的，那

“喝”下去的墨水通过砚、墨与笔的耕耘，创造出世上独具特色的汉字书法艺术、虚实结合的中国山水画和传诵千古的笔墨文章。所以人称砚、纸、笔、墨是“文房四宝”；四宝中当以砚为先。有了这“四宝”,《清明上河图》的春色跃然纸上，力透纸背的《兰亭序》才能保留到今天,“黄河之水天上来”的千古绝句得以传承，今人才知道杜工部诗中述说的“三吏”“三别”之苦。

砚石的特点

直接用石头磨刻而成的石砚是最早的砚台。有考古发掘为证：1958 年陕西宝鸡仰韶文化遗址出土一方砚台，呈椭圆形，系浅黄色砂岩雕琢而成，上面有两个小凹槽；考古学家认为这就是最早的石砚。《文房四谱》上也曾说过:“昔黄帝得玉一纽，治为墨海焉。其上篆文曰‘帝鸿氏之砚’。”这成了最早的砚台铭文，是中华民族五千年文明历史的见证。

虽然汉代以后有了陶砚和瓦砚，魏晋时又有了青瓷砚，后来又有了铜砚、铁砚、银砚、玉砚、漆砚和瓷砚，但文人们最常用而情有独钟的还是石砚。于是，唐朝中期又重新流行石砚。他们不但用砚，爱砚，藏砚，还专心致志地对比和研究各种砚台，看哪一种发墨好，哪一种石质适宜制作出优良的砚台。宋代杜绾的《云林石谱》记载了 116 种石头，其中主要是砚石、观赏石和工艺石。

人们喜欢用石砚是有道理的。首先是石头好找。有经验的石匠在漫山遍野的石头中找一块中意的砚石可谓“小菜一碟”，比起找一块玉石籽料既方便又省钱。其次是石砚制作方便，比瓷砚、陶砚、铜砚、铁砚和银砚都要省事、省工、省钱。最主要的还是第三个理由：岩石最适宜于制作砚台。从岩石学的角度看，符合磨制砚台条件的岩石一定是结晶颗粒细、均匀而致密，矿物成分相对比较单纯，岩石的硬度适中；这样的岩石当数泥质灰岩、含钙质板岩、微晶一细晶灰岩和泥质板岩，岩石中最好再含有少量的石英、绢云母等杂质。因为这些岩类不仅石质优良，镌刻性能好，绵而不脆，易于雕凿，最重要的是其发墨性能居其他岩石之首。所以，许多传世的名砚之作大多是用泥质灰岩、泥质板岩、含钙质板岩或含有其他矿物成分的板岩制作而成；如果岩石中含有少量石英和绢云母形成的“石眼”的话，那更是可遇而不可求的。

工艺传承

优良的石质还需有优异的雕凿工艺。一方造型古朴、美观大方，既有实用价值，又有浓厚文化品位的石砚，必定是出于工艺高超的名家之手；而高超的雕刻技术和雕刻家浑厚的文化积淀是制造出名砚的首要保证。

原石的“石品”是自然界天然生成，砚石设计和制作者的技术水平、文化艺术修养及人品是后天的，取决于人的文化素质。因为从技术上说，十全十美的石头是可遇不可求的，天然的岩石难免会有缺陷。例如锈斑、瑕疵，以及泥质岩中最容易由于砂质比较集中而生成的“筋”与“膈”。一位技术高超的工艺师就有能力避害趋利，善于躲开那些瑕疵、裂纹与缺陷，巧用裂纹和筋、膈，就像玉雕时巧妙运用俏色工艺技术那样，才能制作出高档的艺术品。这就是从技术跨越到了文化艺术的范畴：一块不规则状的天然石头，由于工艺家奇妙的构思和巧夺天工的手艺，也能制作出气势磅礴、气吞山河的作品来，使之成为一件体现民族精神和民族文化的艺术品。这是工艺高超、艺术内涵浑厚的工匠赋予一块没有生命的石头以艺术生命的创作。在这些作品上，梅花、荷花、菊花、牡丹花绽放，龙、鸟、和平鸽飞舞，知了、蜻蜓、蟋蟀、青蛙欢跳，八仙过海、太白醉酒、嫦娥奔月、哪吒闹海、愚公移山的神话故事“盖”住了砚面的缺陷，使一方雍容尔雅寓意深沉的石砚，讲述中华民族 56 个民族祥和的生活和团结奋斗的场面，甚至龙腾虎跃、岁寒三友、龟鹤延年、击水中流的故事都能跃然“石”上；这些石砚已经不是一般意义上只能用来写字的砚台，而是一件件珍贵的艺术品，是传世的国之瑰宝，是民族精神、民族文化的结晶。

这就是石砚从优异的材质到石文化层次上的一种飞跃。

砚石文化

砚石文化性不但体现在原石质地的优良和工艺的高超上，还体现在制作、收藏过程中的许多传闻、故事，以及收藏者的品德、气节和所留下的铭文上。

中国民间有许多关于石砚的传说。如一方佳砚竟在天寒地冻的天气中砚水不凝，给徐公砚和七星砚的传说蒙上一层神秘的色彩。有关徐公砚和七星砚的传说，说明了砚台对于文人来说是“千军易得，一帅难求”的，也折射出儒家和道家思想的光辉。先哲们无不对北斗七星有着一种极其崇敬、尊重的情感；甚至有人认为北斗七星是“天”之中心。道家则视其为天象星辰中的“天罡”，是天上至高无上的神。诸葛亮就是依此禳星延寿的。两方七星砚自宋以来的千余年间时隐时现，使之蒙上了一层神秘的面纱。

那位吟着“小楼昨夜又东风，故国不堪回首月明中”而丢了江山的南唐后主李煜，曾藏有多方灵璧石砚山。就是他将天然形成峰峦状的石砚作为“砚山”来收藏，开创了既作砚台又有欣赏价值的收藏之风。据说他的一方藏品后来被宋代书画家米芾所获，从此流传后世。为什么？除了砚山天然喜人的形态之外，恐怕更多的是名人效应的缘故吧！

这种名人效应在中国几千年的历史中不断地延续着。自身的质地和雕琢艺术价值使砚台成为历代文人的收藏佳品，而前人特别是名人用过的佳砚，如大书法家王羲之、苏轼、米芾、褚遂良用过的砚台更是他们孜孜以求的“家珍”；一方苏轼用过的从星砚，一尊文天祥洗笔的玉带生砚，达到了价值连城的程度。藏砚已经远远超出了实用性和制作工艺的范畴，甚至覆盖了之前的使用者和收藏者的人品，以至他们在石砚上留下的砚石雅铭。黄庭坚的诗一语道出个中兴味：“何日晴轩观笔砚，一樽相属要从容。”文人们的这些“嗜好”使皇亲国戚和历朝历代的宫廷内府也加入了收藏名砚的队伍。清朝的内府就收藏了汉代以来传世名砚 241 方，并被视为宫廷的稀世珍宝。

人们使用砚台，研究砚台，收藏砚台，最终形成了中国和使用汉字国家和地区一种独具特色的砚石文化，传承了世界特有的汉字书法艺术，也无形中把“石”高高地“抬进”了文化殿堂。

石砚的文化性还集中体现在闻名遐迩的“四大名砚”上：端砚、歙砚、洮砚和澄泥砚；除澄泥砚是泥土制作的外，其余三种都是石砚。下面我们来看一下三种石砚的文化特质。

端砚因“发墨不损毫，呵气可研墨”而居榜首。端砚产于广东肇庆。早在唐代武德年间（600 年前后）就有人用这种紫蓝色的石头制作石砚。这种石头色深而略有透明感，“幼嫩如肌肤，滑润细腻似油酥”，石层中夹有一些金银细线或金星小点。上品的端石上常有天然的“石眼”：“人惟至

端砚：天蝠云龙砚（清代）

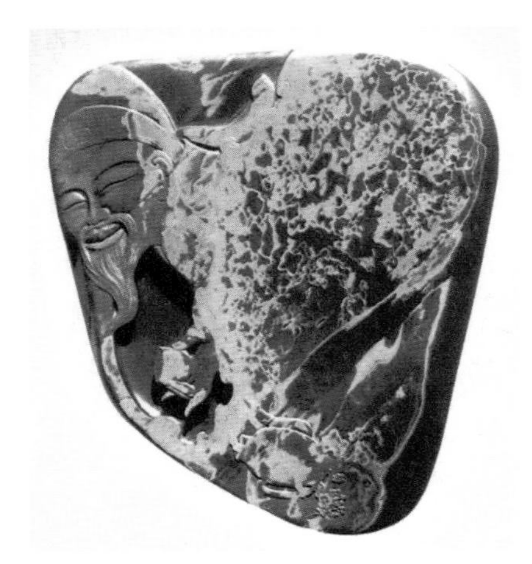
歙砚：花间一壶酒

灵，乃生双瞳；石亦有眼，巧出天工。”这些“眼”就是岩石中细小的结核，在细粉状物质缓慢而稳定的沉积过程中，偶有搅动或其他杂质的掺入，从而形成了微小结核。石眼在温润细腻的基底上犹如炯炯有神的灵瞳，再配上斑纹花色，遂形成鸲鹆眼、绿豆眼、象眼、鹦哥眼、梅花点、鱼脑冻、蕉叶白、金银线、玫瑰紫等名贵品种。有趣的是有的石眼“有眼有珠”，有的“有眼无珠”，显示出活眼灵瞳、泪眼汪汪、翳眼朦胧，或者瞎眼无光……

歙砚产于安徽歙州而得名（古代的歙州除统辖现今安徽的歙县外，还管辖休宁县、祁门县、绩溪县、黟县和现今江西的婺源县），所以歙砚也包含了婺源龙尾石制成的婺源砚或龙尾砚。苏东坡有诗云：“君看龙尾宝石村，玉德金声寓于石。”歙砚滥觞于唐开元时期（700 年前后），其石质坚韧润密，纹理清晰，击之铮铮作响；贮水历寒而不冻，发墨如油，不伤笔毫。刻制歙砚的石头之特点是有“眉子”，表现为细如发丝、状似眉毛的纹理；金纹对眉子、水波浪和雁攒眉子被称为“歙砚三绝”。因而造就了歙砚中的金星砚、罗纹砚、龙尾砚、紫云砚、寿春砚和松纹砚等优质品牌。

洮砚因产于甘肃临潭县（古称洮州）而得名。迄今也有 1300 多年的历史。诗人称赞它“洮州绿石含风漪，能淬笔锋利如锥”。它有绿色的鸭头绿、鹦哥绿、绿漪石与湔墨点等“绿洮”，堪称无价之宝。而红色的鹛鹏血——“红洮”则极为珍贵。

我国还有很多其他品质很不错的砚石。它们是贺兰砚（宁夏贺兰山）、苴却砚（四川攀枝花）、松花砚（松花江畔）和鲁砚（产于山东境内砚石的总称，包括红丝砚石、燕子砚石、淄砚石、尼山砚石、田横砚石、鹤山砚石等）。

（58 厘米 ×32 厘米 ×5 厘米）

（30 厘米 ×22 厘米 ×6 厘米）

红丝砚石制作的山水砚台（傅绍祥　供稿）

时间的列车驶入二十一世纪信息时代的今天，广播、电视、电脑、互联网……快速地改变着人类的生活节奏、生活内容和生活质量；读的书有了“电子书”，书写的方式更是发生了彻底的变化：电脑击键取代了毛笔、钢笔、铅笔和圆珠笔的书写，电脑拼写不知不觉中在改变着人的思维方式、生活习惯和文化气息甚至整个民族的个性。那种黄卷青灯下书童伺候在侧，磨墨、铺纸、写字的场景只能见于古装戏中了，对文房四宝乡愁般的眷恋，都已无法使人们回到那个黄卷青灯的时代了。

于是，有人主张让文房四宝从书斋走进社会的“文房”——博物馆，将它们艺术化，作为艺术品收藏，使它们走出一条“新生”之路。

笔者以为，在今天这种文化生态环境下，应该有更多的人以更多的时间关心与传统文化有关的领域。特别是看到“一衣带水”的日本和韩国，每年不忘举办数次成人和中小学生的书法比赛，真是“别有一番滋味在心头”啊！近几十年来我国汉字教育和汉字文化的式微，到底是“时代的进步”还是“文化的悲哀”？虽然近年来世界各地孔子学院的兴起，为儒家思想、文房四宝和中国传统文化的继承和传播打开了一扇天窗，但现状实在是对国人文化心理的冲击：唤回渐行渐远的包括汉字文化在内的中华传统文化精髓，应该是当代人义不容辞的责任。人们常说：只有民族的才能是全世界的。是的，只有自己独特的民族精神和文化才能吸引世界，中国传统文化才不至于被湮没在璀璨的世界民族文化丛林之中。

俗话说：乱世藏金，盛世藏玉。“金”代表金钱，乱世的金条是活下去的保障；“玉”是泛指经典的、有意义的、有欣赏价值、文化意义和历史意义的古董和其他收藏物。和平盛世，生活安定，不愁吃穿，才会有心思收藏那些有文化和历史意义的东西，促进艺术的繁荣和文化的传播和传

承。明显的变化是二十世纪九十年代以来，中国书画和艺术品在拍卖市场上持续走红，带动了有深厚历史积淀的、工艺讲究的文房四宝投资和收藏的行情看涨。试抄录数例：2005 年，一方唐代王丘六足莲花奉双凤池歙砚以 126.72 万元拍出，清乾隆松花石雕灵芝纹砚以 202.62 万元拍出。2007 年 7 月西泠社举办的“文房清玩——历代名砚专场”，北京“文房清韵——清代砚墨笔印专场”，卖出自清乾隆至近代名家的砚、墨、笔、印精品 111 件，成交率近 90％，成交额达 1460.36 万元。这明显表明，文房四宝已成为一个独特的艺术收藏门类。

值得欣喜的是有消息传来，2009 年与石文化有关的我国的书法和篆刻已经入选人类非物质文化遗产代表名录，也已有人在策划文房四宝申报世界文化遗产，应该举起双手表示拥护和赞成。因为文房四宝是汉字文化最具代表意义的象征，它以其悠久的历史、广泛的传播、实际的使用价值和深厚的文化内涵，构成了中国传统文化不可或缺的一环。从某种意义上说，它塑造了中国人的文化价值观念。如果申遗成功，它将不再只是少数精英手中的“国粹”，或收藏家手中的“瑰宝”，它将会回归到大众文化的血脉之中，书法艺术、汉字文化终将迎来继承传统、发扬光大的一天。

四大文明古国的文化遗存——印章文化

文人雅士们在完成一幅书法作品，或完成画作，或鉴赏过一轴山水画之后，总喜欢盖上一枚自己心爱的印章，表示对这幅字画和书法的负责，或以示鉴赏。这是中国文化中的“钤印”。官方或军队的钤印称为“关防”；钤印则是藏书者的一种习惯，以私章和藏书章作为收藏的“凭证”。朋友间互相通信或签订信约、合同也要盖上私章，以示郑重和个人的诚信。

在中国人的观念中，印章着实有着不同寻常的意义：老百姓视它是诚信的凭证，王公贵族认它是权力与权威的象征，至于“一国之主”的帝王则认它是国家和王权的代表，那至高无上的“宝玺”，就像国王手中的“皇杖”一样，也是高贵和尊严的象征。因此，一旦黄袍加身，未登基先治印，印把子在手就可以心安理得地坐上宝座，开始改朝换代。

然印章远远不是只有使用价值，在延续数千年的过程中，繁衍出具有极其丰富内涵的印章文化。与砚石文化一样，变化多端的印章的用途、材质、纽式、字体、布局，印铭、印文的篆刻方式、方法和线条形态，以及印章收藏及其诚信与权威性的发挥，极大地丰富了印章文化的内涵；印章的发展历史、材质、雕刻工艺的研究，鉴赏价值和收藏价值的提升，使多少文化人心甘情愿地为之付出毕生的精力。

印章所采用的材质在元代之前大多采用铜材质，其后以石质居多。石质印章多以和田玉为代表的玉石、青田石、寿山石和巴林石等名石为首选，其次有其他各种玉石、水晶、玛瑙和煤玉等。用途除了皇帝的宝玺，还有衙门的县契、军队的关防、个人的私章、文人的闲章和道教的法器等。篆刻的内容当然随用途而异，譬如玉玺常常刻有“宝玺”“吉运者年”等。最有趣的是吉语印章，常常有生意人的“大吉”“大利”“宜有千万”“宜官秩常乐，吉贵有日”“宜子孙”等。

篆刻的字体不但有汉字中的宋、隶、篆、楷，还有鸟虫体和图文合一；篆刻的方式有阴文和阳文之别，印文的布局和印纽的设计，则随篆刻者和收藏者的心意各显千秋。印章侧壁上的印铭则用来记载雕刻者和收藏者的心得或铭记，也为一种传统过程中的“记录”。

巴林螭龙纽方章

高山巧色人物寿山石方章

印章的材质（据上海中福古玩城）

印章的历史

可能有人以为，与砚石一样，只有我们中国古代使用过印章，并在后来繁衍出印章文化。其实不然，《国家地理》上曾报道，早在公元前 3000

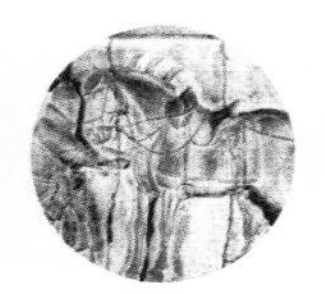

印章的铭文

多年前，苏美尔人在两河流域创造了古代的西亚文明。他们造就了第一个农业村落和第一座城市，发明了最早的车、船和文字，掌握了制造面包和酿酒技术……他们高超的雕刻技术更是值得称道；既能雕凿出双手紧握、神态虔诚、高贵而安详的拜神者，也能雕刻出方寸大小的印章。不过他们的印章与中国的印章大相径庭：印章主人的名字和艺术图案刻在圆柱的侧面上，然后将圆柱形的滚筒印放倒，使有图案的侧面与刚写好的印版文书的表面接触，连续压滚印章，就在泥版上留下了文字与艺术图案，使滚筒印章的图像成为原始文件上的“水印”密码。

历史资料还告诉我们，不但两河流域的古代文明已经有了印章的雏形，在四大文明古国都曾经出现过印章或类似的印章。在四大文化发源地的长江—黄河、尼罗河和印度河流域，都曾有过印章文化的结晶。但是，随着古埃及、古巴比伦与古印度文明的衰落，印章文化无可奈何地枯萎了，衰败了。唯有中国的印章，自商代后，借助于方块状汉字的优势，生生息息，繁衍壮大，成为华夏文明的一个重要组成部分，成为四大文明古国唯一的文化遗存。

据专家考证，中国的印章滥觞于殷商时期，是权力、地位、人群交往的凭信和标志。延续了四五千年的中国印章一开始就与古代等级制度相联系，折射出中国古代社会的政治、艺术和文化的侧影。唐宋以降，开始进

5000 多年前巴比伦苏美尔人的滚筒式印章

入艺术领域，成为中国特有的一个艺术门类，并发展出众多的艺术流派。自元代王冕首次使用石材刻印伊始，元明以来数百年的印章文化，由单纯的实用功能分化出古文字的研究和篆刻艺术，造就了艺术与石头联袂而生的印章文化奇葩。

4000 多年的发展，印章文化使印章的方与圆、刚与柔、曲与直、明与暗、阴与阳、拙与巧、质与妍，统统蕴涵于一枚小小的石头之中。此外，还演绎出印章的纽式、字体、布局，以及印文的篆法、篆文的线条形态等丰富内涵；而这些方面的发展又无不与印章的材质、雕刻方法有着密切的联系；这与石质印章材质的易采、易刻、易磨的优点息息相关。

研究人员指出，中国的治印史由“铜”到“石”是一种生产力的解放：显然，在石头材质时代，在官府看来铜印依然有着重要的官方地位，但作为印章篆刻艺术的主流，石头材质打破了铜印的一统天下，在民间独领风骚。因为石头材质易找、易得和易刻，使之轻轻松松地进了千家万户；即使后来又有了陶印、金印、银印、水晶印、玛瑙印和煤精印，但石质的寿山石、青田石、昌化石、鸡血石和巴林石篆刻的印章，一直主导着中国印章文化的发展方向：它们将方寸之间的文字刚柔相济，拙巧并存，曲直和谐，方圆同显，以致达到气象万千的程度。

可以说，印章文化足以成为文化领域的“熊猫”：国之瑰宝，世之瑰宝。

印章中的石文化

从岩石学的观点看，治印用的印石是很有讲究的。数千年的“讲究”终于提炼出寿山石、青田石、昌化石与巴林石为“四大印石”。它们的主要成分是高岭石、叶蜡石、地开石这样一些很常见的黏土矿物，再加上一些微量元素的“染色”，便出现各种各样的颜色，形成各类高档的雕刻石。鸡血石、冻石、田黄和福黄则是其中名贵的印章石，以含有辰砂而显得“血迹斑斑”的鸡血石最为名贵；冻石以石质细润、通灵清亮、颜色温润为特征；田黄泛有深浅不同的金黄色，常呈黄金黄、枇杷黄、橘皮黄、鸡油黄、熟栗黄和桐油黄等色；福黄要求石质透明柔和，坚而不脆，纯黄无暇。中国历朝的皇帝们都视黄色为吉祥色，例如以“黄袍加身”喻夺得帝

位，登上“九五之尊”，以赏赐“黄马褂”为最高荣誉和权力的象征。清朝皇帝祭天时必将一颗硕大的田黄供奉于案，祈求多福高寿，王土广大，皇威浩荡。

人们讲究用上等的青田石和寿山石制作印章是很有道理的：用这些黏土矿物印章石制作的图章，蘸用朱砂印泥一次可盖用十余次，为一般图章盖用次数的一两倍，而且所盖的印章颜色清晰而经久不褪。这是图章石自身矿物特征所决定的。

印章的文化传承

我国历来都有向外国友人赠送石头印章的传统，以“石”谐“实”，表示一种诚实、诚恳之意，寓意友谊之坚固和永远。

1972 年，日本田中首相访问中国，时任总理周恩来就曾以青田石篆刻“田中角荣”的印章相赠予，当时竟在日本刮起一股中国印章热的旋风。二十一世纪之初的 20 多枚巴林石印章石更是轰动了 APEC 会内会外。那是 2001 年，亚太经济合作组织（APEC）第九次领导人会议在上海召开，巴林石印章被选作国礼馈赠给 21 个国家和地区的政府领导人。最后选中的是素有“巴林极品”之称的巴林福黄石（又名巴林田黄）：它透明而柔和，色泽纯黄无瑕，坚而不脆，集细、洁、润、温、腻、凝于一身，人称“一寸福黄三寸金”是也；甚至有人说它“集寿山田黄之尊，融昌化鸡血石之艳，蕴青田封门青之雅”，珍贵至极。按礼品策划者的要求，送给每位最高领导人的礼品印章，需从一块完整的福黄石上切割而成，以体现“全球性”会议之宗旨。而一般所找到的福黄能切下五六方石章就够了不起的啦，要找那么大的一块福黄实在是勉为其难。功夫不负有心人，终于找到了一块适合的原石：它纹理细腻，雍容华贵，石背的画面蜿蜒起伏，一如太平洋的波涛，竟然还可以相连拼成一幅清晰完整的亚洲地图；浩瀚的世界大洋，满布点状花纹，形似珍珠岛屿，让人联想到那美丽的千岛之国——印度尼西亚，真是令人惊讶致至。印章的刻手，当非我国印章界雕刻艺术水平最高的韩天衡先生莫属。名家到底是名家，他雕刻的巴林石章的上首是一只憨态可掬令人叫绝的螭虎，象征着太平洋周边国家吉祥如意、共守幸福家园之意。这一枚枚既代表着我国传统文化，又具新世纪象征意义的礼品送到贵宾面前时，赞叹之声不绝于耳，让人爱不释手。

治印的艺术方式更是体现了中华民族传统文化的一大特色：汉字有娟秀的隶、草、行、楷、篆等各种书体，又有阴文、阳文之别，再配上螭、龟、驼、马的印纽，便蕴涵了高贵、吉祥、长寿、幸福的内涵。百姓所用印章的纽式更是多种多样，甚或以自己的生肖动物形象传达出延年益寿的祈盼。

人们常说：西方人以签字为印信，中国人则以印章为信用标记。中国人的印章还在友人的交往中无形地传达出朋友、同仁间的一种神交之情。这里有一些中国知识分子间“神交”的实例。抗日战争时期，闻一多先生在只能靠挂牌治印为生的情况下，以“顽石一方”的印章赠予华罗庚教授。齐白石到花甲之年后改变了一向熟悉的画法而自立于画坛，但遭到名家的攻击和责骂；只有比他小 30 多岁的徐悲鸿大师慧眼识珠，说齐白石“妙造自然”，他的画“致广大，尽精微”，并聘他到自己任院长的北平艺术学院当教授。为感激这一知遇之恩，齐老先生镌刻“汗淋学士”印章一方赠予徐悲鸿。以上两例一时传为文坛、画坛和科坛的佳话。

可见，印章的文化内涵不仅在于其自身的艺术性，还在于这种“印缘”的文化底蕴。

闲话石印石

石印石俗称青石，是一种结晶非常细密用作印刷公告和告示的石灰岩。它的作用与印章有异曲同工之妙，在印刷业不发达的年代，它为文化的传播立下了汗马功劳。不过印章的面积很小，石印石却能印刷面积大得多的图画、书籍或政府和团体的公告与布告。这种碳酸钙成分不十分纯净、岩石结构上有很多细微小孔、质地类似砚石的微晶灰岩，能贮藏水分，吸附油墨中的脂肪酸，是世界印刷技术史上第一代石与木相结合的文化传播者。在那个“石与木印刷”的时代，石版印刷就是原始的“复印机”。虽然后来印刷业有了“铅与火”和“电子”的飞跃，但石头的作用功不可没；一直到二十世纪五十年代初，政府的公告、告示和法院的布告都是用它印制的。

不朽的丰碑——刻石文化

一提起“刻石”就自然想起臧克家为纪念鲁迅而作的《有的人》一诗。这首诗的头几句是这样的：“有的人活着 / 他已经死了 / 有的人死了 / 他还活着 / 有的人 / 骑在人民头上 / 呵 / 我多伟大 / 有的人 / 俯下身子给人民当牛马 / 有的人 / 把名字刻入石头 / 想不朽 / 有的人 / 情愿作野草 / 等着地下的火烧……”诗中那句“把名字刻入石头的 / 名字比尸首烂得更早”，给我们留下了极其深刻的印象。是啊！三皇五帝，哪一个不是把自己的名字刻在了石头上？但秦皇汉武，唐宗宋祖，哪一个又不是“俱往矣”呢！

把文字刻在石头上是古人记载历史、保存艺术和抒发情感的一种方式，因为石头比树皮、羊皮和纸保存的时间都要长得多，经得起日晒雨淋。正是石头有这种承受历史浪潮冲刷的能耐，所以在中国和世界各地，几乎都看到了它的巨大潜力：古埃及、古印度、安第斯山地区、美索不达米亚和北欧的先民，都不约而同地把自己心灵的信息和文化的精粹留在石板、石碑、石壁、石崖或石洞中。

石刻是人类巨大文化遗产的一个重要组成部分，也是石文化的魅力所在。

石刻文化的形式很多，有刻在一方石头上，以作为专门的用途，如纪念碑、墓碑、墓志铭，或者干脆把整块石头凿刻成各种动物和人物；也有刻在悬崖石壁上，还有刻成牌坊、楹联、碑碣乃至各种石雕。无论是国内国外，无论是古代现代，人们都喜欢在石头上留字刻像，或在石洞里雕刻佛像，用石头雕刻艺术品构筑坟墓，使石文化成为世界文化的一个重要组成部分。

也许当年古人在石头上刻符作画和留言镌刻的时候，没有想到给后人留下文化和艺术遗产，但不朽的石头无形中保存了传世之作，实在是功莫大焉。

传世刻石

进入人类文明的历史阶段，石头上就不只是刻符作画了，而是进行文字记载了；许多古代的哲学思想、四书五经，以至历史事件、佛教经文和文献著作都勒石为记，传世后代。

说起石刻，战国时期秦国的十面石鼓是不能不说的。这十面至少有2500多年历史的石鼓，被认为是中国最早的刻石；当初人们以这些“石刻之祖”寓意“刻石表功”和“托物传远”，也是中国历史上绝无仅有的以“鼓”的形式保留下来的文化遗产。

627年，唐太宗李世民登基称帝。不久，于今陕西宝鸡市郊雍县发现了这十面石鼓。十个“兄弟”大小不一，状颇似鼓，圆而见方，上窄下大，中间微鼓，高1米，直径57厘米，由表面不很光滑的花岗岩制成。侧面镌刻一首大篆体的四言诗铭文。铭文书写圆润浑劲，布局严整，典雅古朴，字体多为长方形，体势整肃，端庄凝重，笔力稳健；石与形、诗与字浑然一体，显出古朴雄浑之美。每个鼓上所刻的字数不等。每个字约两寸见方，风格独特，既不像金文也不是秦小篆；字体开朗、圆润、工整，人道是稀世遗文。唐代散文家韩愈为之专门写了《石鼓歌》：“镌功勒成告万世，凿石作鼓隳嵯峨。从臣才艺咸第一，拣选撰刻留山阿。雨淋日炙野火燎，鬼物守护烦撝呵”；歌中还唱道：“鸾翔凤翥众仙下，珊瑚碧树交枝柯。金绳铁索锁钮壮，古鼎跃水龙腾梭”。既说出了刻石的目的和作用，又道出了它们所经历千百年的历史沧桑。

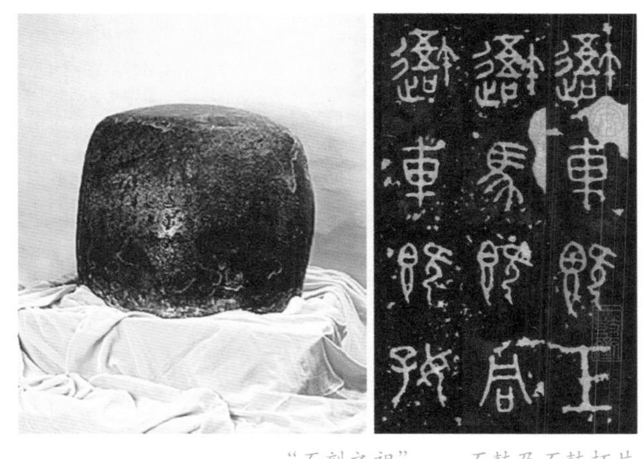
“石刻之祖”——石鼓及石鼓拓片

但是，这几面石鼓出土之后的1500年间不知又经历了几多磨难：唐初甫为出土的石鼓在民间刚刚过了百把年受人朝拜的安稳日子，就遇到“安史之乱”。随后在地下埋了两年，在躲

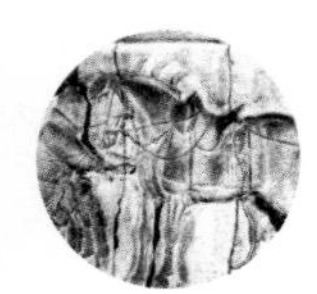

过了第一次浩劫之后就开始了一连串颠沛流离的日子：一忽儿从民间进入孔庙，遇唐末五代战乱又从孔庙散落民间；宋代时好容易进了凤翔学府，又被迁往汴京（今开封）；宋金战争时正欲赴难临安（今杭州），不料金兵进军中原，“靖康之难”后被金人运至燕京（今北京），弃之于荒野。在那些蒙难的日子里，一忽儿少了一位“兄弟”，一忽儿被人“宰”上一刀，要么成为农家的舂米臼，要么做了屠夫手下的磨刀石。石鼓上的字被“磨”得愈来愈少，愈来愈难辨认。期间还闹出一个小插曲：凤翔知府司马池（司马光之父）为博得宋仁宗的褒奖，不惜假造一枚当时已遗落（后找回）的“作原鼓”（为便于识别，以石鼓文字的头两字分别取名“汧沔鼓”“车工鼓”“田车鼓”“作原鼓”等），被学者们识破后而获“欺君之罪”。

历经了上千年的风雨沧桑，抗日战争期间又经历南迁，直至抗战胜利才运回南京。1950 年，“十兄弟”终于结束了流离颠沛的日子，在北京故宫“颐养天年”。

为什么历朝历代的帝王和学者们都这么重视这十枚石鼓呢？除了当年金兵将其从汴京劫掠到今北京城，刮走上面的黄金尔后弃之于大兴的无知行为外，都说明人们是看重这些石鼓极高的文史价值和艺术价值的。清末学者康有为曾称其为“中华第一古物”，书家称其为“第一法则”是很有道理的：“第一古物”的意义体现在石鼓所记述的 2300 多年前秦始皇统一中华大地之前，一段不为人知的秦国统治者游猎盛况的史实，因而石鼓被称为“猎碣”；上面的字体体现了为后世保留秦始皇统一文字前的大篆蓝本的“第一法则”作用。大篆是汉字演化中十分关键的一种字体，是甲骨文和金文之后、小篆之前的文字。秦始皇统一华夏江山后，实行“车同轨，书同文”的重要举措，统一后的文字就是小篆。但现存的资料恰恰缺失了从大篆到小篆的过渡性文字。这十枚石鼓上的石鼓文比金文规范、严正，但仍在一定程度上遗留有金文的特征，明显地表现为从金文向小篆发展的一种过渡性书体。传说在石鼓文之前，周宣王太史籀曾经改造和整理过金文，著有大篆 15 篇，故大篆又称“籀文”。石鼓文使大篆留传后世，意义非凡，功不可没。

汉代刻石之风十分盛行，除了刻在山石上的摩崖外，还有很多后世称之为“碑”和“碣”的石刻，内容大多是纪念某人的战功或生平，为后人留下了许多文史资料。东汉灵帝熹平四年（175 年）用隶书镌刻了汉隶之书法典范《汉石经》（亦称《熹平石经》），对中国文字书写的统一和文化的传播起到十分重要的作用，也是汉字由隶书变楷书的一个重要环节。汉代后有据可查的石经有七种，东汉、魏、唐、五代、北宋、南宋和清都将《周易》《尚书》《春秋》《左传》《论语》等勒于石。

石鼓文

佛教除了开凿石窟、雕刻佛像外，还常常把佛经刻在石头上。无论中国还是外国，都有许多佛教的石窟和经文石刻。从北魏到隋唐是开凿石窟的兴盛时期，唐以后逐渐衰落。唐代刻佛经于石十分兴盛，每经刻字数十万字之巨，其中开成经、开元经和清石经等国宝级石级均存于北京、西安等地。在我国西北气候干燥少雨地区保存了许多名窟，其中敦煌莫高窟、大同云冈石窟和洛阳龙门石窟是中国三大著名的石窟：莫高千佛洞建在一座砂岩山崖上，上下有五层石窟，最早始凿于前秦建元二年（366 年）。800 多个洞窟中保存了北魏、隋、唐、元、宋以来的壁画 1049 幅、彩塑 2415 尊。百余年来，莫高窟的研究已形成了一门学科——“敦煌学”。研究者造诣颇深，成绩卓著；佛教文化与艺术为中国文化平添了几抹耀眼的光彩。

龙门石窟的佛像（倪集众　摄）

即使是地处南方亚热带地区，只要保护得当，依然能够保存露天的石刻。这是杭州林隐寺一线天的石刻，历经数百年而不衰（倪集众　摄）

始造于北魏的云冈石窟现存的 45 个洞窟中有造像 5.1 万余尊。洛阳龙门石窟有北魏至唐五个朝代的窟龛 2345 个，佛像 10 万余座，碑记 2800 余品；大的高达 17 米，小的仅 2 厘米。这三大石窟是我国珍贵的艺术宝库，理所当然地被列为“世界文化遗产”。

干燥少雨的气候当然是石窟保存千余年而不朽的一个重要因素，但以石头作为这一文化的载体确是功不可没的。我国北方还有新疆拜城克孜尔千佛洞、吐鲁番柏孜克里克千佛洞、甘肃麦积山石窟和崆峒山石窟；此外，泰山天然花岗岩上镌刻的《金刚经》堪称是一部石头上的经文书库。南方虽然气候潮湿多雨，但只要石头适宜于雕刻，环境保护得好，南方的石窟和露天石刻也不逊于北方；四川乐山大佛、广元千佛崖摩崖、杭州灵隐寺飞来峰造像和重庆大足石刻等就是例证。其中，乐山大佛最值得称道，它头齐石壁顶部，濯足岷江、青衣江与大渡河合流处的滚滚江水，通高 71 米，为世界上最大的石刻佛像，人称“山是一尊佛，佛是一座山”。

以上的石窟或露天佛雕中，不少已被列为世界级或国家级的自然文化遗产。

中国古代主流文化的儒家也在石头上刻经，作为自己传承文化的主要途径。据考证，最早的石经是东汉灵帝熹平四年（175 年）用隶书镌刻而成。

由此看来，刻石和名山竟与佛教和名山的关系一样，融洽而融合，相得而益彰，别有一番异曲同工之妙。

石雕

说起石雕，人们一定会想到古埃及第四王朝法老哈夫拉（Khafra）金字塔旁那座狮身人面像（又译“斯芬克司”）。相传那是公元前2610年哈夫拉巡视即将完工的陵墓时，下令将遗留的一块巨石按自己的脸型雕刻的。石像高20.22米，长73.5米，头戴奈莫斯皇冠，额上刻有库伯拉圣蛇浮雕，胡须长5米多。

“马踏匈奴”花岗岩石雕（选自《国宝》）

在汉代名将霍去病墓前有一座“马踏匈奴”的花岗岩石雕。雕像形象生动，镌刻精美，反映了两千多年前汉代石雕的技术水平。

看来，无论中国或者世界其他地区，以石头为雕刻对象进行雕凿的历史都是十分悠久的。2003年，在观看《走进非洲》电视片时，北线摄制组的主持人葛剑雄教授带领观众周游了摩洛哥、阿尔及利亚、突尼斯、利比亚、埃及、苏丹、埃塞俄比亚和肯尼亚，让我们了解到许多古罗马、古希腊、迦太基和古埃及的历史和文化，其中最感兴趣的是四五千年前的石文化。古埃及的金字塔、卡纳克的阿蒙神庙，以及很多很多巨大的法老石像、石棺，给我们留下了一个又一个“谜”：为什么早在5000~7000年前，古埃及的先民们就会有这样高超的设计思想和雕刻工艺，那重几十吨甚至上百吨的整块石雕是怎样开凿、搬运和矗立起来的？记得电视片中曾介绍津巴布韦的奴隶们是将石头烧热，烧烫，烧红，然后泼上水将石块剥离下来。多么聪明的办法！还有北非的某一个王国所建的石头“浴池”和石头打造的市场和石量具，都给我们留下了深深的印象。从中既看到古罗马文化的影响，也可以了解到在那个相当于我国商代时期的北非，已经有十分发育

从上至下，自左至右分别为大型剧场遗址、澡堂、鱼市场中的“货架”和货架上海豚雕刻，以及市场中的“量具”（所看到的量具相当于5千克的“石斗”）

距今四五千年前的利比亚大莱普提斯遗址中的几件石头物件

的石文化了。

中国悠久的石雕艺术历史造就了四大石雕之乡。它们是山东嘉祥、福建惠安、浙江青田和河北曲阳。虽说这四个地方的石雕都达到了工艺精湛、精雕细刻的程度，但又各具特色：嘉祥的石刻风格奇异，是历代向朝廷进献贡品的产地；惠安的石雕融中原文化、闽越文化、海洋文化于一炉，汲晋唐遗风、宋元神韵、明清风范之精华，形成了纤巧灵动的南派艺术风格，以及与建筑艺术交相辉映的特色；青田的石雕历史最为悠久，可以追溯到殷商时期，且以青田石雕刻为特色；曲阳石雕的特色是近年大理石雕刻的兴起，另一个特点是其群众基础最广，那里流传着这样一首民谣：“上到九十九，下至刚会走，小锤叮当响，庭院出厂房，要说打雕刻，人人有一手。”

中国石雕用石方面的特色，几乎与印章石同出一辙，都是看重红、黄、青三种颜色的佳石：红色以凝血欲滴的昌化鸡血石为代表，黄色以润色通灵的寿山田黄石为首选，青色以温润若明的青田封门青为最佳选择。鸡血石是叶蜡石中含有辰砂所致。石家称颂它是“雪中的红梅，东升的旭日，出墙的红杏，出水的红鲤”。田黄石“润洁如脂，肤肌透黄。颇有千载凝膏之感，莹莹漫吐几分通灵之气”，被印石书画家奉为印石之冠。人说“一两田黄一两金”，“黄金易得，田黄难求”矣。青田石以封门青为最绝，它石质细嫩，半透明，色绿似毛竹叶，温润淡色如碧玉。青田石多样的颜色，被雕刻家恰到好处地誉为“俏色”。青田石石雕的刻缕结合是其一大特色，浅浮雕、深浮雕、半圆雕、圆雕、镂雕所创作的青田石雕，富有层次感和

河北曲阳的现代大理石石雕（郭昆 摄）

真实感。郭沫若赞美青田石的诗曰："青田有奇石，寿山足比肩，匪独青如玉，五彩竟相宜。"

似乎西方的石雕不像中国那样讲究颜色，皆因大理石独占鳌头之故。为什么大理石能在欧式雕刻中兴旺发达？除了它的产量足够之外，还因为它们石色洁白，石质细腻，硬度适中的缘故。晶莹洁白在西方人眼中蕴含着纯洁、高尚和真挚，无怪乎它能最受雕刻家的青睐。请看：那少了两只臂膀的"维纳斯"、罗丹的名作深沉的《思想者》和米开朗基罗的《大卫》，无不是用品质和产量都堪称上乘的意大利大理石所成。

不过，到了近代和现代，大理石也成为中国雕刻家之所爱。中国历史上习惯称大理石为"汉白玉"，以"玉"的品格与人们最喜欢的和田玉并肩齐名；现代虽然也还在使用"汉白玉"一词，但基本上是单指北京附近所产的大理石，其他各地所产者，通称为"大理石"。中国古代建筑中的汉白玉雕刻件、装饰件，无论是故宫的雕件、皇家的宫阙、儒家的书院，还是皇陵、贵胄的墓葬、石棺等，汉白玉无不是首选材料。

中国人对玉的感情源远流长，因此玉石的雕刻也颇具特色，雕刻家在创

发现于希腊米罗的维纳斯大理石雕像（公元前3—前1世纪）

作过程中有自己的一番独特的情感经历。

艺术家在谈论自己刻石和刻玉的体会时说，在创作时要经过审玉、审形、治形和传神的心理活动过程。拿到一块玉先要“审”，从各个角度审视它的外形、颜色和花纹的分布状况，找出它的亮点；然后进行审形，在脑子里形成一种无形的意境，才开始拿刀进入实质性阶段的治形，粗略地刻出一座雕塑的雏形；最后才是“传神”——进行精雕细刻。知道了这个过程，对“赏玉人”来说就是“反其道而行”：把雕刻家“埋藏”在作品中的意境重新挖掘出来，把他们已经转化为形、色与意境的“传神”，重新恢复起来。这样一个“逆向思维”过程，既是赏玉者欣赏能力的体现和文化艺术素养的提高过程，也是中国玉雕的魅力所在。这种魅力就体现在作品的意境上。意境从何而来呢？来自中国人的哲学思想：意境是一个民族的哲学思想在艺术领域的体现。老子曰：“道可道，非常道；名可名，非常名。无名天地之始，有名万物之母。故常无，欲以观其妙；常有，欲以观其徼。此两者，同出而异名，同谓之玄。玄之又玄，众妙之门。”因此，艺术之妙、艺术之美、艺术之最高境界就在于以可道之言、可名之物、可象之形来表达自然界的不可道、不可名、不可形的“道”。这就是意境。

用现代语言来说，就是在创作过程中，重点是要看清玉石原石的皮色和内部颜色的分布，善于利用、巧于利用俏色，才能表达艺术品的内涵在颜色上的表现。现代的艺术家除了从前人那里继承这种艺术思想之外，还要“取其精华”使之深化，“去其糟粕”使之完善，使其更加富有时代气息，更加适应当代人的审美需求。雕刻家走出课堂和工作室，在大自然中以天然石块为雕刻对象，寻找雕刻与大自然的协调与和谐，就是迈出了符合时代节拍的一大步。二十世纪八十年代的一天，东海一座小岛迎来了中央美术学院洪世清教授。只见他在海滩上寻寻觅觅，在悬崖上爬上爬下，在礁石上跳来跳去……原来他在创作，他要给天然的石头以艺术的生命，

独山玉雕

双耳羊脂玉碗（北京故宫博物院藏品）

让它们“活”起来，让古朴的礁石怪岩变成活生生的“动物”。整整16年！他用古拙的线条勾画出了一只只海生动物，用99件岩雕艺术品使这个仅有1.75平方千米的浙江玉环县大鹿岛变成了一座“美术岛”。

石牌坊、石牌楼、华表、石狮子及其他

石牌坊、石牌楼、华表和石狮子都是与石头有关的、带有浓厚中国传统文化特色的特殊装饰性石制品，不仅是具有中国特色的建筑艺术和文化载体，还有着特殊的、深刻的政治和道德含义。

石牌坊

石牌坊是我国常见的装饰性建筑物。最初是用来旌表节孝的纪念物，后来成为帝王或朝廷赐建给有功之臣、社会名流或民间人士的赐品，以表彰他们所立的战功、功勋、建业、道德、科第、德政、节孝和长寿；也有少数是民间捐资或个人专为某人或某事所建的纪念性建筑。牌坊具有装饰、表彰、纪念和区域分界的功能，因而多置于园林、寺观、宫苑、陵墓、祠堂、衙署和城镇的街头巷尾。现代一些城市为了显示自身的建筑、艺术和城市特色，也建有一些石牌坊。

旧时的牌坊多由木、石、木石、砖木或琉璃等材质所构成，常见有多间多柱多楼的架构形式，因而结构匀称、和谐，造型美观大方。石制的牌坊多为汉白玉或花岗岩之类浅色的石种雕制而成。牌坊上除了刻有牌坊的

石牌坊：雕刻之乡——河北曲阳的“雕刻城坊”（郭昆　摄）

用意（题名）外，还刻麒麟、狮子及其他怪兽和云纹。它们不论在建筑艺术上还是在文化含义上都具有强烈的中国传统文化特色，因此，国外的中国城或唐人街常以石牌坊为之标志。

最早的牌坊见于周朝。《诗·陈风·衡门》中曰：“衡门之下，可以栖迟。”“衡门”就是两根柱子架一根横梁的建筑物，可视为牌坊的老祖宗。

四川隆昌县堪称中国的石牌坊之冠，那里现存清代的石刻牌坊 17 座，石碑 4 座，形成了一个规模宏大、种类众多的牌坊群。这些牌坊工艺精湛，造型端庄，雕刻精美，保存完好，实属全国之罕见，有很高的民俗和艺术价值。

每座牌坊的正门上的碑文各不相同，上下和左右两侧都刻有受奖者之芳名、立坊年代和象征“善”“福”“寿”等字的浮雕。无论是功德牌坊、警示牌坊、节孝牌坊还是百寿牌坊，其修造、雕刻、撰写文笔等都极其讲究，突显牌坊的“高”（气势恢宏）、“精”（工艺精致）、“理”（哲理深厚）和“蕴”（蕴意深刻）的特点。这些牌坊大多建造于清道光至光绪年间。我们来看看这些牌坊的名称，就知道有什么“用途”了：禹王宫山门牌坊、锄莠安良碑、牛树德政牌坊、孝子总牌坊、刘光第德政牌坊、肃庆德政牌坊、郭玉峦功德牌坊、郭陈氏节孝牌坊、舒承氏百岁牌坊、节孝总牌坊、除暴安良碑、政通人和碑、李吉寿德政牌坊、觉罗国欢德政牌坊和郭王氏功德牌坊等。几乎每一座牌坊都有一个动人的故事。下面略举数例。

郭玉峦功德牌坊：郭氏在道光年间任忠义大夫时，购良田千余亩，所收租金多用于救贫扶困和为百姓谋福利；建功德牌坊以示表彰。

郭王氏节孝石牌坊：郭氏 23 岁丧夫，她为夫守节，尽孝终身，辛勤操劳将两个儿子哺育成人。哥俩奋发读书，双双中举。牌坊刻有全部故事情节。所刻人物神态栩栩如生，花鸟、动植物造型精美，书法刚劲有力。

警示牌坊：这是一座有奇特来历的牌坊。说的是隆昌有个强盗出身、占山为王的绿林好汉，在一位高人的指点下改恶从善，放下了手中的屠刀，改以从商谋生。经商成功后，人们为他建此“警示牌坊”，以告诫后人莫学他走邪门歪道，阳光大道才是人生正道。

最有意思的是一座牌坊上的“文字游戏”：牌坊正门上刻着“乐善好施”四字，人们发现“善”字少了中间的两点。当地的老人解释说，这少了的两点提示人们：善事是永远做不完的！善者，多哉！

我们还常常听到“牌楼”一词，它与牌坊的基本形态类似，细究起来

加拿大渥太华的牌坊（陆惠群　摄）

牌坊让人永远忘不了发生在这里的许多故事（倪集众　摄）

两者还是有些许区别：牌楼既是“楼”，那是建有楼型的斗拱和屋顶的牌坊，以烘托楼宇的气势；而牌坊没有屋顶，不能遮风挡雨。牌楼是北京古城的一大独特景观，所以北京人似乎喜欢称呼牌楼。北京现有明清时期的牌楼 65 座，其中石牌楼 17 座。一些著名的典型的牌楼，如东单牌楼、西单牌楼、东四牌楼、西四牌楼、东长安街牌楼、西长安街牌楼和前门五牌楼等都因有碍交通，已于二十世纪五十年代被拆除了。

近代有些地方又重新建起一些城市、地段、街区或住宅小区的牌坊。如浙江绍兴作为鲁迅先生笔下许多故事的发生地，也建了这样一座牌坊。

华表

华表是古代宫殿、陵墓等大型建筑物前作为装饰用的巨大石柱，是中国一种富有文化内涵的传统的建筑形式。

有一种说法是华表起源于远古时代部落的图腾标志。因为相传它在尧舜时期就有了，它们既作道路的标志，又有为路人提供留言的方便之处。那时候的华表多是置于交通要道上的一根木柱，有识辨道路的作用，故称为“桓木”或“表木”（后来统称为“桓木”）；因“桓”字的古音与“华”

相关链接

一些词汇的含义常常随着时代的发展而发生变化。"诽谤"即是一例。

"勾当"一词也一样。《水浒传》等古代小说中，常常听到说："你是搞什么勾当的？"如果在现代，你听了一定会跳起来说人家诽谤你；可是当时的人竟会"从容以对"，因为那时的"勾当"与现代的"干什么活"是一个意思。说明时代变了，一些词义也是会变化的。

字近音，慢慢便成了"华表"。木柱上还可以刻写意见，所以又叫它为"谤木"或"诽谤木"。"诽谤"一词在古代是"议论"和"提意见"之意，因此当时的华表相当于现代的意见箱。

不过，也有人认为华表是由古代一种名为"木铎"的乐器演变而来。先秦时代天子征求百姓意见的官员们，奔走于各地时为引起人们的注意，以敲击这种细腰上插有手柄的体鸣乐器为号。后来，不再派人出去征求意见了，而是等人找上门来，以树立大型的木铎于王宫前，遂演变成华表。还有人认为，华表是古代一种观测天地的仪器。这种春秋战国时期观察天文的仪器称为"表"：立木为竿，以日影长度测定方位和节气，或观测恒星年的周期；或立于建筑之地，以作定位用。大型工地上留滞时期长，便演变为石柱，成为建筑物的附属装饰物，或成为宫殿、坛庙、寝陵等的标志物；再经雕饰美化、改形，饰以蟠龙、云纹、云板和承露盘等，逐渐成为艺术性的装饰品。

华表一般由底座、蟠龙柱、承露盘和蹲兽组成。柱身多雕刻有精美的龙凤和祥云，上部横插雕花的云形长片石，犹如柱身直插云间，增添了一份庄严肃穆的气氛。由于天安门广场的政治性意义，华表作为标志性建筑物已成为中国的一种象征。由于多置于宫殿、城楼和陵墓前，或者陵墓的神道中，因而也称为"神道柱""石望柱""表""石标"或"石碣"。

天安门前的华表就保留了尧时诽谤木的基本形状。有意思的是，天安门前面的这对华表上有一个蹲兽，头向宫外；而天安门后面的那对华表上蹲兽的头是朝向宫内。这蹲兽名叫"犼"，性好望。犼头向内名曰"望帝

出”，是希望帝王不要耽于三宫六院，沉湎于吃喝玩乐，希望他经常出宫走向民间，礼贤下士；犼头向外称为“望帝归”，希望皇帝不要迷恋于游山玩水，快回宫处理朝政。可见华表不是单纯的装饰品，而是提醒古代帝王勤政为民的标志。

天安门前的华表系一对汉白玉的柱子，与天安门城楼同建于明永乐年间，迄今已有500多年历史。这一对华表间距为96米，每根由须弥座为柱础、柱身和承露盘组成，通高9.57米，直径98厘米，重2万多千克。此外，明十三陵、清东陵、清西陵以及卢沟桥等处也树有华表。人们一定会说：“这就怪了，为什么宫殿、陵墓、桥梁这样一些互不相干的地方都有华表？”原来，关于华表的起源和演化有着不同的理解，有的人认为是上面说的指路牌和识别方向的标志；有的说是远古时代部落图腾的标志，后来顶上雕饰了白鹤，以示吉祥；有的人认为，刻有象征皇权云龙纹的诽谤木，是皇家建筑的特殊标志；还有人认为，因为华表是古代乐器或者观测天地仪器演变而来的缘故，就有可能演绎出那么多的作用；有这么多的“源头”，自然会有诸多的“继承者”了。

石狮子

石狮子是中国传统建筑物门口最为常见的装饰物。无论是古代的宫殿、寺庙、佛塔、桥梁、府邸、园林、陵墓和印纽，或者近代、现代平民的宅院、公司、厂房、公园、商场或其他公共场所的大门口，都有它的身影。卢沟桥就因两侧桥栏杆上有超过500只石狮子而名扬四海，成为建筑艺术的精品。

可是，中国从来没有出产过狮子；据传，是汉代时张骞从西域引进的“舶来品”。但不知从什么时候起，石狮子成了中国人看守门户的吉祥物，而且是那么深刻地融有中国文化元素的吉祥物，以致让人真假难辨，匪夷所思。难怪有人说这是中国传统文化中一个猜不透的“谜”。

狮子的造型在不同的朝代有不同的特征：汉唐时的石狮子强悍威猛，元朝时变得瘦长有力，明清时又变得温顺可爱。而且在中国北方和南方有明显的地域特色：北方的石狮子大气，威猛，质朴，粗犷；南方的石狮则颇具灵气，活泼可爱，雕饰繁多。有的大狮子还拖儿带崽，那可爱的小狮子要么偎依在母狮掌下，要么爬到母狮背上玩耍。有趣的是，石狮子的摆放有着中国人自己的讲究。譬如，石狮宜置于西北方，以沾其西北

五台山某寺院前的石狮子（倪集众　摄）

未出厂的曲阳石狮（郭昆　摄）

方（或西方）祖地的“地利”之“光”，发挥它在卜卦属乾卦（属金）的“功效”。如是一雌一雄相搭配，狮头向屋外以阻拒妖魔鬼怪入屋；并应了中国人“男左女右”的规矩：左边雄狮，右边雌狮，两相对望，坚守门庭。

石狮子作为一种吉祥物和装饰品，已经深深地打上了中国传统文化的烙印。多数中国人已经接受了这样的理念：摆在大门前的石狮子有避邪纳吉、预卜洪灾、壮胆振威、彰显权贵和装饰的作用。

石狮与民间喜庆活动时的舞狮、耍龙一样，都富有喜庆、吉祥之意。人们甚至认为狮子的一身都是“福”啊！在孔庙参观遇到一只石狮时，讲解员信口唱道：“摸摸石狮头，一生不用愁；摸摸石狮背，好活一辈辈；摸摸石狮嘴，夫妻不吵嘴；摸摸石狮腚，永远不生病；从头摸到尾，财源进如水。”

形形色色的碑碣

在民间，刻石多用于碑碣。“碑”和“碣”都是石碑，只是形状不同而已：顶部方者谓“碑”，圆者曰“碣”。“碑”和“碣”最初多用来“功绩铭乎金石”，记载帝王和名人的言行。后来文人骚客游览天下名山大泽，就借用它们来挥毫题诗作画，以流芳百世。他们认为，石刻只有“刻”在名山

上，才显示出它的名气，而名人的刻石又能为山岳增光添彩。后来碑碣的用途慢慢扩大，例如为亲人、同事、同伴记事、载文和绘画，或记录名人雅士游览天下名山胜景的游记、题诗和图画。毛泽东诗曰“东临碣石有遗篇”，就是说的秦皇岛昌黎县有座碣石山，秦始皇、汉武帝东巡至此，刻石观海为记，并有划作地界之意。

不同用途的碑有各异的名称：纪念碑、墓碑、文字碑、绘画碑、界碑等。我国有许多可以称为瑰宝、珍奇的石碑与石刻。由于篇幅所限，略举数例，以飨读者。

第一例：“劣政碑”。石刻不论是碑碣还是牌坊，能够（或者愿意）留在世上的，绝大多数是用来歌功颂德的，唯独广西兴安灵渠附近，有一块可称为“劣政碑”的石碑。它的来历颇为传奇：民国初年军阀混战，黎民涂炭，百姓生活水深火热。1914—1915年，时任广西兴安知县的吕德慎在这多灾多难之年还疯狂地鱼肉百姓，民不聊生。民间实在忍无可忍，遂捐资刻制了一块“劣政碑”，上书吕德慎“浮加赋税，冒功累民”，诉其罪行，要求罢免，让这千古罪人“定格”在石碑上；迫于众怒难犯，广西军阀只好将吕德慎罢职。

第二例：山林“禁伐碑”和“罚碑”。近年，贵州遵义郊区李家寨发现一套保护山林的纪实碑。一块“禁伐碑”言明为保护风水，严禁随意进入村后的山林放牧牛羊和砍柴，“违背祖训”者将严惩不贷；另一块“罚碑”则正好是“处置”的结果，在“惩前警后”之下，刻有清咸丰五年（1855年）“合众公议罚银”：“李正玉一两八钱，李文德一两，李正福一两二钱，李成祯三钱”等详细罚款清单。用现代的眼光看，150多年前的“风水”之说，实际上起到了保护环境的作用；寨中的近300棵有400年以上树龄的古树正是实行这一措施结果的明证。

在西南许多少数民族地区，如苗族、布依族聚居的村寨，村规民约中有不少植树护林的规定，体现了超前的环境保护意识。前几年贵州锦屏县也曾发现刻在石头上的山林租赁地契。

第三例：白鹤梁古水文题刻位于重庆市境内的长江与乌江交汇处。那里原来有一座古老的城市——（古）巴国故都涪陵。长江中有一块自西东向延伸长1600米、宽10~15米的天然巨型石梁。水位标高137.81米，梁脊高出最低水位2米，在最高水位30米以下。梁上镌刻有167段自唐代至今逾1200余年的文字题刻。

清光绪辛巳年间孙海所题之石刻

白鹤梁上题刻纵横交错，镌刻有包括少数民族文字在内的篆书、隶书、行书、楷书、草书齐全，以及颜体、柳体、苏体、黄体俱备的碑文；可谓集历代名家书法之大成，素有“水中碑铭”之美誉。题刻多出自历代文人墨客之手，以北宋著名文学家、书法家黄庭坚最为著名。梁上题刻或诗或文，记事抒情，吊古怀旧，集文学、书法、绘画、石刻艺术为一体，实为罕见的水下奇观。

白鹤梁题刻始刻于唐广德元年（763年）前，现存题刻167段，三万余字，石鱼18尾、观音2尊、白鹤1只，其中涉及水文价值之题刻108段，是全世界唯一的一处以刻石鱼为“水标”并保存有水文观测记录的古代水文站。它比1865年在长江上设置的我国近代第一根水尺——武汉江汉关水文站的水位观测点早了1100多年，成为当之无愧于联合国教科文组织誉为的“保存完好的世界唯一古代水文站”。

据有关部门观测，白鹤梁唐代石鱼的腹高大体相当于涪陵地区的现代水文站历年枯水位的平均值，而清康熙二十四年（1685年）所刻石鱼的鱼眼高度，又大体相当于川江航道部门当地水位的零点。古人从中总结出“石鱼出，兆丰年”的经验，现代人也从1953、1963、1973三年中白鹤梁上的石鱼三次露出水面而当地都大获丰收的体验，将石鱼看作是年成丰歉的征兆。在建造葛洲坝水电站和三峡工程时，设计和施工过程中也都参考了白鹤梁水文题刻中的一些数据。此外，石鱼题刻对研究长江中上游的枯水规律、航运以及生产设置等都有重大的史料和科学价值。

这座水下博物馆已于2009年5月18日落成。人们可以通过观察窗、触摸式显示屏，甚或坐上潜水器等多种方式观看水中题刻。

白鹤梁古水文题刻是一处极具深厚历史、科学和文化艺术价值的科学文化遗址。

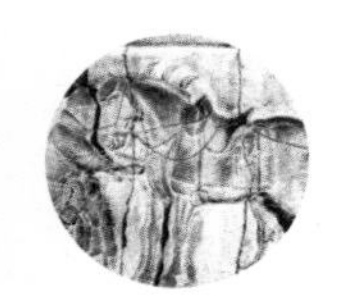

相关链接

相传北魏时，尔朱通微因不愿与篡夺皇位的族兄尔朱荣同流合污，遂弃家学道。道成，号尔朱真人。尔朱炼丹售市，至合州（今合川），价傲太守。太守怒，将其置入囚笼后沉江。竹笼不沉而顺江而下，至涪州白鹤云集之石梁，遇一位白石渔人举网得救；尔朱时正酣睡，渔人久呼不应，击磬方苏，遂为至交。渔人依然每日轻舟布网，尔朱继续修真炼丹。夜晚二人促膝谈心，倦则抵足而眠。竹笛渔歌，铜磬经文，各得其趣，两情甚笃。一日，尔朱取丹与白石渔人佐酒畅饮，醉后，乘白鹤化仙而去。白鹤梁便以此得名。此即现今之三峡文物景观中唯一的全国重点文物保护单位"白鹤梁题刻"。

白鹤梁题刻众多珍贵题刻堪称国宝，令中外专家和游客惊叹不已。

与水文科学有关的题刻 187 幅，可谓是名副其实的"世界水下碑林"。集中于北坡的题刻，最早的是唐广德二年（764 年）的石鱼，最晚的两则为 1963 年落笔。其年代分布为：唐代 1 则，宋代 103 则，元代 5 则，明代 20 则，清代 21 则，民国 12 则，现代 3 则，年代不详者 22 则。

1988 年 8 月，被国务院公布为全国重点文物保护单位。2006 年入列中国世界文化遗产名单。三峡大坝蓄水 175 米后，白鹤梁题刻将永远淹没于近 40 米的江底。

武则天独创的"无字碑"

第四例："无字碑"。由武则天独创的无字碑在西安乾陵。这是一块奇崛瑰丽、凝重厚实浑然一体的完整巨石。高 7.53 米，宽 2.1 米，厚 1.49 米，重达 98.9 吨。碑首雕刻有八条缠绕在一起的螭龙，鳞甲分明，筋骨裸露，静中寓动，生气勃勃。两侧“升龙图”上龙腾若翔，栩栩如生，碑座“狮马图”上的马屈蹄俯首，温顺可爱，雄狮则昂首怒目，十分威严。唯独碑上无字，只有线条流畅的花草纹饰，因而称为“无字碑”。

无字碑以凝重厚实、浑然一体的美感给人留下深刻的记忆。可是更给人摸不着头脑的是碑巨而无字的“奥秘”：确实让后人费思量多猜想。有人说是武则天“不敢”在碑上刻字，以免获“篡位”之罪；有人说此行“高明”，与其写好写坏都难逃芸芸众生的口诛笔伐，还不如不写，让你们“猜”去吧。这位中国历史上第一位女皇，着实与后人打了一个“此时无声胜有声”的哑谜。

另外，云南禄劝的彝文摩崖和贵州安顺的红崖石刻等，也都毫不逊色，都有着极其丰富的自然科学文化和人文意义。

在中国，碑碣往往不只是单独而立，常常是成群成堆，组成“碑林”。譬如黄帝庙、唐昭陵、明十三陵、清东陵和西安等地，或当时就以石聚集成“林”，或后人搬迁而成“林”，为后世留下了许多极其珍贵的墨宝与精湛的石艺。目前，全国有十来处古代和现代的碑林都已成为“石质历史书库”。

西安碑林博物馆是集陈列、收藏和研究历代碑石、墓志、石雕作品的“中国最大的石质书库”。珍藏有唐开成石经包括《周易》《尚书》等 12 部石经、汉代至宋代的书法名碑、宋代至清代的地方史料碑石，以及元明清诗词歌赋碑，共计文物万余件；其中仅篆、隶、楷、行、草各式字体的碑帖就达 2300 余件。书法爱好者、雕刻爱好者、艺术爱好者、历史学家和石文化研究人员在这里都能各得其所，不仅能欣赏到王羲之、欧阳询、褚遂良、颜真卿、柳公权、怀素和张旭等“书圣”们的字帖和手迹，还能观摩唐昭陵六骏和东汉陕北画像石等极其珍贵的传世之作。这些石碑、碣石、石雕、石

西安碑林

画和石字千秋万代延续着中华民族瑰丽的文化传统，从一个侧面体现了以石头为载体的石文化“实实在在”的特质。

岂止西安碑林博物馆的展品有这样的作用和功能，很多地方和单位都已领悟到石文化的这一优势，许多有条件的地方特别是文史、考古、艺术单位，以及陈列馆、博物馆和纪念堂等，都在筹划具收藏、展示、研究和教育功能的碑林或石质纪念性建筑，让它们不仅起到石文化的宣传作用，更用它们来进行爱国主义教育和文化素质的培育。如黑龙江尚志市建造了一座抗日英雄纪念碑林，除收集篆刻名作外，还收录了共和国百名将军的书法作品，树起了“天下第一印”——九龙印和“天下第一笔”——腾龙笔。山东莱芜市牛泉镇笔架山上筹建王羲之碑林，因为相传这座笔架山正是当年书圣王羲之研习书法之处。

从上述可以看出，与其说雕刻、石碑、石经、石鼓是在石头书上记载历史，不如说它们更是一种艺术品。因为这些刻石和碑碣对当事人来说，是为传世和纪念，而对历史和后人而言，竟有两项他们意想不到的文化功能：一是留下了当年所用的文字字体；二是名山上的碑碣和勒石，无意间与名山相得益彰，相映成趣，就像名山中的古刹钟声，韵长而悠远，长久地回荡在历史的长河中。正应了那句“寺因名山而传世，山因名寺而扬名”。

全国最大的红军将帅碑林

广州宝墨园收藏的米芾墨宝

中国的石刻和碑碣已以“碑学”而成为专家之业。不过人们认为，中国的碑学过于厚古薄今：先秦的石鼓和秦皇的封禅碑被视为国宝，从两汉、魏晋、南北朝一直到隋唐的碑文也历来是碑学之尊，而宋碑、宋碣则不甚被看重，自宋以后的以至近代、现代的碑碣就常常被“忽略不计”了。而且，碑学只看重书法艺术，而忽略了其余内涵的研究。为了弥补这一缺憾，有识之士发起《中国百年历史名碑》一书的编撰，收集了自鸦片战争至告别二十世纪的160年中近代、现代史有关的碑碣，以历史与艺术的眼光审视文化遗产，以从百年苦难史与中华民族半个多世纪复兴史的回顾中获得启迪，汲取艺术力量，让中国石文化重放光彩。

现代的石刻家也努力做到古为今用，并尽可能加入现代元素，创作出人们喜闻乐见的石雕作品。如湖南长沙的一部石刻《红楼梦》用了整整1050块石头（每一块高110厘米、宽60厘米、厚2厘米，净重65吨），刻成一部名副其实的《石头记》。微书艺术家关柏春先生用小米粒大小的字，把一部三万多字的《唐诗三百首》琢刻在320块来自各地的黄河石、嫩江石、玛瑙和硅化木等观赏石上，成为一件精美的艺术品。

石头山寨石头城

从旧石器时期起，人们就用石头打制“武器”和用具。但是那时候的工具十分粗糙，最多只能稍微敲打一下便成“用具”。到了距今约10000~4000年前的新石器时期，石器的制作进入了磨制阶段，出现了石刀、石斧、石镞、石环、石纺轮、石锛以及石研磨器等。到新石器时代晚期，甚至出现了像辽宁海城析水城那样的巨石大棚建筑，棚顶的巨石重达十几吨。盖州市还发现一座由六块巨型天然花岗岩石板盖成的石棚。可见那时候的“石屋”是我们的先祖遮风挡雨的好去处，建筑的技术已相当高超。

田园生活是农牧文化社会的主要特征。无论是南方还是北方，由于生活条件的艰难，常常穴居而息。考古发现远古时代的居民由于条件所限，大都以穴为居。内蒙古自治区锡林郭勒盟东乌珠穆沁旗发现一个古人类居住过的洞穴，宽 16 米，深 24 米，已经出土大批从旧石器时代晚期到北魏时期的石器、骨器与骨饰品等文物。可见那是一个被人类居住了数千年的洞穴。

据说北魏拓跋鲜卑人的远祖曾居住于大兴安岭的一个石洞中，后来走出深山统一中原，在黄河上游建立了北魏王朝。《魏书·乌洛侯传》曰：“世祖真君……称其国西北有国家先帝旧墟”，“室有神灵，民多祈请，世祖遣中侍郎李敞告祭马，刊祝文于石之壁而还”。经过考证，内蒙古鄂伦春族自治县阿里河镇确实有一个石洞，洞口的石壁上也找到了李敞当年刻下的 201 个字的祝文。此洞名曰“嘎仙洞”，意为“仙人住过的洞”。洞中遗留有两千年前的石桌、石凳和石灶，附近还有当年部落首领议事用的一个凌空耳洞，颇具神秘色彩。

石头与泥土就是人类家居的好材料：在山里挖洞，或者利用山崖上的山洞作为居室，用石头堵塞洞口；或者用石头垒房。即使到了现代，也还有人独出心裁地在高楼大厦和洋房别墅之间点缀上几处石头的房子，让豪华中透出古朴的气息，现代化中渗出返古的质朴；至于在偏僻的小镇（乡

洞开的大门

清静的大院

现代城市里的石头建筑：马里首都巴马科的“白马旅馆”

镇）或古镇、山村，就会有更多的石头房子、石头用具，甚至整整一座“石头城”“石头山寨”。因此，无论是古代还是现代，石头都不失其实用价值和历史文化价值，有着悠久而深远的石文化内涵。

抗日战争期间周恩来总理的父亲在贵阳市青岩镇上的暂住处

另一种“石头城（镇）”则是真正石头当家的城（镇）了。那照射到我国陆地上第一道新千年的曙光，就是从浙江温岭石塘镇的石头民房屋顶上开始，迅速延续到神州大地的。在我国西部，不仅有众多的石头山寨，还有不少“穴居族”和“石寨族”，他们或者常年居住于山洞之中，或者一辈子生活于石头之中：住的是石屋，睡的是石床，煮饭用石灶，喂牛用石槽，喝水从石缸中舀，稻谷在石臼中舂……

穴居族

据报道，贵州、云南到今天还有不少“穴居族”，他们常年居住在天然的喀斯特溶洞中，洞口不高，有时还有一条地下河穿洞而过，以供饮水之用。洞里住的有时是一家人，有时是一族人，有的甚至组成了一个村寨。他们在洞里吃、住、养鸡、养鸭甚至喂牛，真正是“鸡犬之声相闻”，人与家禽、牲畜寓于一洞，过着日出而

贵州紫云县洞中小村寨：这是一个有十几户人家的小村，洞中的住房都虚以“屋顶”，右后方为一所小学
（倪集众　摄）

作、日落而息的田园生活。据有关部门统计，到 2000 年贵州省还有 2400 多户约 8300 多人的“穴居族”。

石头山寨石头城

在我国西南的山地地区，特别是在云南、贵州、四川和广西等地，还有不少世居于石头山寨中的居民，他们大多是一些少数民族，历史上的战争和民族压迫，把他们遗忘在崇山峻岭之中，他们只好“靠山吃山”，过着贫困的生活。相信在我国社会经济飞跃发展的进程中，一定能够使他们脱贫致富，走上富裕的康庄大道。

云南丽江有一个“百户人家一基石”的世界建筑史与军事史上的奇迹，人称宝山石头城。那是在奔腾咆哮的金沙江的峻峭悬崖之上，纳西人在一块悬崖上修建了一座只能从一条山路出入的石头寨。据说这里也是纳西族名门望族木氏家族的发祥地：在兵荒马乱的元代之初，有一位名叫和状魁的纳西族首领看中了这块地势险要、攻守兼备的巨石，于是在这里造起了南北长 600 米、东西宽 200 米的石头城。城里的房子随岩就势，凿石筑屋，就地用石头凿出房、臼、槽、缸和床。进得城来，过了“一夫当关，万夫莫开”的天生石“城门”，就好像进了石器时代的博物馆，随处可见石屋、石墙、石桌、石凳、石床、石灶、石臼、石槽和石缸。纳西人不仅创造了这独特的石文化，还淀积了自己上千年浓郁的农耕文化、东巴文化、建筑文化和马帮文化。真可谓石头造就了一座山寨，也造就了一个民族古老而独特的文化。

在太行山区，也有不少在悬崖绝壁上建房聚居和修路开渠的实例。

说起“石头城”，人们马上就会想到南京，石头山上的那座石头城邑。那是公元前 333 年，楚威王灭了越国，建立的金陵邑。东汉建安十七年（212 年），孙权在旧址上依山傍势在金陵邑原址筑城，取名“石头”，使石头城成为一座扼守长江险要的军事要塞。但唐武德八年（625 年）城毁；又经千余年的风吹雨打和连绵战火，“石头城”几乎荡然无存，偶尔能在历史的断垣残壁中寻觅到一小段城基；其中有一块长约 6 米、宽约 3 米凹凸不平酷似“鬼脸”的石头，所以有人将其称为“鬼脸城”。近年专家们用先进的仪器，从“鬼脸城”到清凉山一带探明了山上尚存的东、北、西三段残破的城垣。

富有历史特色的屯堡文化

在贵州，石头和木头是一些少数民族的两大主要建筑材料：木结构主要是苗、侗、仡佬等民族的建筑用材，而石结构则是居住在西部和南部地区的布依族的主体建筑造型。贵州高原上有许多独特的石头建筑：平坝县的天台山伍龙寺和关岭县的灵龟寺无梁殿，都是石头建筑的珍品；贵阳市青岩镇、镇宁县扁担山石头寨、滑石哨布依村寨和安顺市天龙屯堡，村寨中随处可见石头的建筑，有的整座寨子就建在一大块石头上，有的是从马路到屋顶、从生活用具到生产用品，无不取之于石。

明朝初年，朱元璋为了平定西南少数民族，派了大批军队赴那里屯兵，肩负起守土和开发的双重责任。明洪武四年（1371年）大批将士入黔，在这里修城堡，驻军屯田，逐渐形成了一种“遗落”在贵州的独特文化——屯堡文化。

贵阳市青岩镇是一座紧挨着现代化大城市而又散发着古色古香的“石头城”。古镇已有600多年的历史。旧城四周的悬崖上是用巨石构筑的城墙，依山就势，陡峻险要，是一座山寨式的城堡。那里的石屋、石刻、石路、石墙、石碑、石牌坊，以至石头刻的墓碑，都透露出浓浓的石文化韵味。有一座四柱三间两楼的石牌坊，雕工之精巧，形象之生动，实属罕见。可以说，像这样的石头城、石头镇、石头寨、石头村实在是一部石头的“书”，石头的“展览馆”，或者确切地说，是石文化的“教科书”，石文化的“展览馆”。走在青石铺就的小巷上，看着两旁青石砌的墙和随处

贵阳市青岩古镇的“定广门”城楼和小街（倪集众　摄）

青岩古镇街上的“昇平人瑞”石牌坊（倪集众　摄）

可见的石磨、石缸、石院、石柜台以及石头的瓦，仿佛沉醉于古镇的风韵之中。北门外龙井河上建有三孔石桥，城内耸立着八座白石牌坊、石头城墙、敌楼和寺庙。青岩的石墓碑已不是单纯刻个墓主名字的“标志”，石匠们在上面下足了功夫：有的上加碑帽，有的两侧以夹耳加固；雕刻更是精致，有祥云、花草，也有龙凤、“福”“寿”，还有的刻上半个花瓶、石榴、葫芦等，那多籽的石榴寓意“多子多孙”，既有“福”，又有“禄”。夹耳上的云雷纹、旋涡纹或螺丝纹、牛旋纹保留了中国数千年农耕文化的印迹。

青岩这座散发着屯堡文化气息的古镇，引来了不少导演的“情有独钟”:《长征》《黄齐生与王若飞》《小萝卜头》《布依侠女》和《寻枪》等十几部影视剧都曾在这里摆开架势，各取所需地摄取场景。

贵州安顺的平坝更有“屯堡文化之乡”的称号，除了50多个在语言、风俗和服式方面继承了江苏和安徽等地汉文化遗脉的屯堡村寨，在住宅建筑上却一改东部平原和丘陵地区的文化特色，创造性地采取依山傍水、石头为“家”的新方法：几乎所有的住房都以石头奠基，石块砌墙，石板盖顶。到过屯堡的人竟总结出一条“感想”:“屯堡文化有点怪，房子全是石头盖。”屋基、墙身、阶梯、门槛，以及窗户、凳子、挑和枋都可以用石头来做。砌墙的石块有平砌、斜砌，或者上下两层反向斜砌，形成了“人”字形的型制，使像鱼骨头似的石墙寓意“年年有余（鱼）”的含义。

贵州的屯堡建筑年代最早、规模最大、工艺最为精湛的，当首推平坝县天台山伍龙寺。天台山如一排石崖突兀在田畴上，三面悬崖峭壁仅一条石径可拾级而上。寺院从山脚蜿蜒迭上，巧治山形一直建到山巅。寺内建筑形制虽然都是穿斗式吊脚楼木结构，但山墙全用石块垒砌，窗户小而少，显然可另用作防御的枪眼；藏经楼后侧的粮仓似是居高临下的石碉堡。远远望去，伍龙寺更像一座扼守在山崖之上的军事城堡；这种“平战结合”

加上“寺战一体”的建筑实在是少见。这可能正是屯堡文化特色在建筑上的写照。

坐落在镇宁县山区的黄果树瀑布也有不少石文化的“石证”。县城镇宁就是一座石头城，城内许多房子都以石为墙，为廊，为柱，为瓦。天然的粗犷与人工的细腻浑然一体，自然界的古朴和精雕细刻的功夫跃然“石”上。全县石头村寨、石头坟冢、石头雕刻和石头建筑比比皆是，甚至门和窗也是石头“铸”成；石灶、石磨、石碾、石钵、石槽、石臼、石盆、石凳随处可见。进得寨子，就好像把半爿山给搬了进来，搬剩的石块便是灶、碾、钵、槽、臼、盆、凳的原料了。有一个号称贵州“蜡染之乡”的村寨索性就叫“石头寨”，寨中除了一所小学的校舍是砖木结构，所有的住宅、牛舍与猪圈全都是石头建造。在村里走一遭，不由得感受到一种浓浓的石文化从远古向你袭来；走出村口恋恋不舍回头一望，青山竹林中炊烟袅袅，万绿丛中灰白色的屋顶错落有致，又把人们从历史的长河拉回到现实之中。

世界石头名城

石头在旅游途中的欣赏价值是不言而喻的：无论是走在黑龙江五大连池的石海上，还是漫步在美国亚利桑那州的萨东娜红岩石前，都会感到心情是那样的舒畅，大自然是那样的神奇，奥妙无穷。如果旅途中有机会走进形形色色的“石头城”，除了欣赏大自然的美景，看到橱窗中五颜六色的宝玉石、琳琅满目的观赏石和精雕细刻的石头艺术品，还能感受到人类的聪明才智散发出的智慧之光。

在经济发展较早的西方国家，也有许许多多石头的建筑；那些石头建成的高楼大厦自不待说。有意思的是，为了纪念发现澳洲大陆的詹姆

五大连池的石海

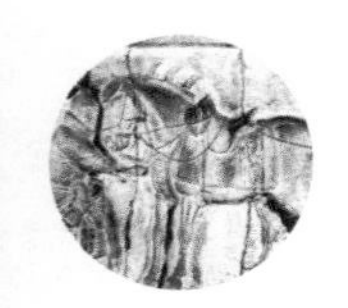

相关链接

詹姆士·库克船长是澳大利亚最受尊敬和崇拜的十八世纪英国航海探险家，他曾三次远渡重洋，在南半球寻找可能与北半球遥遥相望的“南大陆”。1770年，他作为英国人首次登上了澳洲大陆，因而被誉为澳洲历史的开创者。

1934年，澳洲商人拉塞尔买下库克船长在英国的故居，搬迁到墨尔本，重建成“库克船长小石屋”，成为澳大利亚一个著名的石文化观光景点。

士·库克，竟从遥远的英国将一座石屋拆卸八大块，整装运到澳大利亚，在墨尔本照原样修复建成“库克船长的小石屋”。

全球数百个文化与自然遗产中有许多是与石头有关的，随便就能举出很多很多的例子：中国有张家界、大理城、泰山、黄山、雁荡山、雅丹（地貌）、喀斯特（地貌）、丹霞（地貌）和龙门石窟等；印度有泰姬陵，巴基斯坦有摩亨佐·达罗城，埃及有金字塔、神庙和各种石头雕刻，埃塞俄比亚有拉利贝拉独石教堂，南美洲有玛雅文化遗存，智利有复活节岛，

澳大利亚著名的“库克船长小石屋”

泰姬陵是印度莫卧儿王朝最具代表性的建筑，全部用大理石建成（据李军:《世界文化与自然遗产》）

尼日利亚有祖马石，美国有黄石公园、科罗拉多大峡谷、夏威夷火山公园，澳大利亚有大堡礁、库克船长小石屋、艾雅斯巨石，意大利有庞贝城和阿尔贝罗贝洛的石顶圆屋；等等。看来，大自然的鬼斧神工一旦与人类的智慧与文化相结合，就会使其文化的魅力倍增。

尼日利亚的“国石”——祖马石

下面介绍几处与石文化有关的世界石头名城。

津巴布韦的“大石屋”

在津巴布韦首都哈拉雷以南300千米处，有一座举世闻名的“石头城”，被当地人称为“大津巴布韦”。“津巴布韦”在班图语中就是“石头建筑”的意思，由此推理，“大津巴布韦”就应该是“大石屋”了；不过这“石屋”太大了，实在是一座小城。它是非洲著名的古代文化遗址，也是津

巴布韦国名的由来。

区内树木郁郁葱葱，幽静开阔，景色秀丽，石头建筑规模宏大，保存完好。但没有人能确切说出它的建造时间和建造者的来踪去迹。推测这些石建筑群大约建于八至十世纪，“大石屋”可能是当时国王的寝宫，也是这一时期东非文化的代表。到十一至十五世纪，随着这个帝国的衰亡，逐渐被历史的烟尘所湮没。大约在十六世纪初，干旱或由此引起的饥馑，使它完全淹没于历史的沧桑之中。十九世纪中叶，这座“大石屋”被公之于世，随之引起世人的注目。

1980 年脱离白人统治后，就以这个“大石屋”——“津巴布韦”为国名。遗址中发掘出来的珍贵文物——鸽头鹰身的“津巴布韦鸟”也成为该国的象征。

石头城遗迹的砌石工艺实在令人惊叹。整个遗址在 6 平方千米的椭圆形范围内，分为内城和卫城两部分。内城用去 90 多万块花岗岩巨石。城东、城南、城北各有一个进出口，内城东部有一座底面直径 6 米、高 11 米的石塔。山顶为卫城城墙，长 244 米，高 15 米。入口的通道是一条两块巨石相间而成、只容一人通行的窄道，大有“一夫当关，万夫莫开”之势。

大石屋已经成为津巴布韦的国家级标志，也是他们的骄傲。

约旦“红石城”——佩特拉

从约旦首都安曼往南约 250 千米，就是“红石城”佩特拉。懂英语的人一听这“佩特拉”（petra）的发音，就知道一定有“岩石”的意思；“佩特拉”在古希腊语中即为石头，也是英语“岩石学”（petrology）的词头。石头依据生成的环境，特别是沉积岩在沉积时的环境，会出现不同的颜色。如海洋和大型水盆地里沉积形成的岩石一般都处于还原环境，所以大多呈灰色、绿色，甚或黑色；陆地上形成的岩石即使是湖泊和河流中沉积的岩石，大多处于氧化环境，岩石的颜色多呈红色。佩特拉的岩石是陆相沉积的红色砂岩，所以有“红石城”或“玫瑰城”之称。

佩特拉古城是约旦南部沙漠中一个令人向往的神秘之地。大约公元前 600 年，一支阿拉伯人——纳伯特人在这里建立了厄多姆王国。他们在这条宽仅一两千米的狭长山谷中沿悬崖峭壁开山劈石，在悬崖上修筑了宫殿、民房和墓地。古城中心是一个大广场，广场正面有一座高近 50 米、宽约 30 米的殿堂——哈兹纳赫，意为“金库”。传说里面确曾收藏过历

约旦的佩特拉红石城（项仁杰 摄）

代佩特拉国王的金银财宝。但也有人说它是一座陵墓。哈兹纳赫宫造型宏伟，整块巨大的岩壁上有一幢上下两层的雕梁画栋的宫殿；上层有山岩雕凿的圣母、天使和长着雄健翅膀的武士像。佩特拉古城反映了纳伯特王国500 年繁荣时期的历史，古城多数建筑保留了罗马宫殿式的风格，表明曾受到罗马文化的影响。古城不仅能帮助我们了解古纳伯特文明的盛况，还使我们了解到罗马文化的特色。公元三世纪以后，佩特拉城逐渐衰落，此后的 1000 多年被湮没在西亚的沙尘之中。

穿过哈兹纳赫殿堂前面的小谷，有一座古罗马剧场遗迹。后面的开阔地上依山坡建筑有寺院、宫殿、浴室和住宅，以及山岩中开凿出来的水渠。东北部山岩上的石窟是历代国王的陵墓。山脚下有一座拜占庭风格的古庙建筑——本特宫。传说有一位建筑师成功地从山外劈山筑渠，引水入城，国王许以公主，遂改称“女儿宫”。现在峡谷进口处石壁左边的水槽，即是当年的引水处。

2007 年 7 月，古城遗址被列为世界新七大奇迹之一。

中国云南大理

大理城地处云南省中部偏西，东巡洱海，西靠点苍山。这里气候温和，土地肥沃，山水风光秀丽多姿，是我国西南边疆开发较早的地区之一。远在 4000 多年前，大理地区就有原始居民的活动。汉元封年间（公元前

110—前105年），就正式纳入了汉王朝版图。

它不仅有“（下关）风、（上关）花、（洱海）雪、（苍山）月”的美称，城内的崇圣寺三塔、云南驿古镇、巍山古城和蝴蝶泉，都是名胜古迹；殊不知它还是一座闻名遐迩的“石头城”哩。但它与上面说的“石头城”不同，它是因为盛产大理石且以石为“艺”、以石为“生”的城镇，城中弥漫着浓浓的石趣。

大理地区的大理岩是一种大面积区域变质作用形成的岩石，储量巨大，品种繁多。城里的商店和石市场就靠生产大理石石板和雕刻艺术品而兴旺发达；各种石艺雕刻琳琅满目：想要什么水果就有什么“水果”，想吃什么蔬菜就有什么“蔬菜”，喜欢什么动物就能买到什么“动物”，何止呢！还有各种人物、植物、盆景、用具和装饰品都是应有尽有！这些都是恰到好处地利用了大理石的颜色和花纹雕刻而成。

墨西哥特卡利镇

墨西哥靠近西南海岸有一座特卡利（Tecali）镇。在墨西哥古语中，“teti”是“石头”的意思，“calli”则是“房子”；可能古时候，特卡利就是因为有许多石头房子而得名。当地的华人华侨就喜欢按中国人的习惯，称它为“石头城”。倒也确实不错，这里一座十六世纪的修道院的石头“骨架”正是昔日石头城辉煌的明证。

现在这里的人们与我国的大理城一样，也是以石为艺，以石为生：众多的石头作坊不时传出切割、打磨石头的声音，黑曜石、玉石、大理

相关链接

黑曜石是墨西哥国石。它是一种天然的火山玻璃，又名天然玻璃，属中低档宝石。“玻璃”就表明它尚未结晶，或者呈微晶；它是结晶体的矿物的一个特例。通常呈黑色，也有棕色、灰色、红色、蓝色或绿色。

黑曜石别名“阿帕契之泪”。传说印第安阿帕契部落的一支队伍在战斗中寡不敌众，全军覆没，家人痛哭的眼泪撒落在地上，变成了一颗颗黑色的小石头。佛教徒认为它有极强的辟邪作用，故亦称“黑金刚武士”。中国古代的佛教徒常以它作为镇宅或避邪的圣物或雕刻成佛像。

石、紫晶的石雕工艺品比比皆是，大到 1 米多高的罗马柱，小到海豚、海马、剑鱼、蝴蝶、鸽子、鸭子和叮当作响的风铃……

黑曜石是一种天然的火山玻璃，是墨西哥的“国石”，这些石艺品既让人记住了这里特产的石头，又让人欣赏到艺匠们的手艺，感受到墨西哥人的热情、好客和艺术品位……

石文化之谜

石头来到这个世界上已经有 38 亿年的历史了，而人类的出现才不过几百万年的时间，人类的文明史更仅有短短的五六千年。在这期间，人类创造了多方面的文明，山文化、石文化、水文化和土文化只是其中的一枝奇葩。

先说一些小石子之谜。上文曾经说到，石器时代墓葬中的小石子到底是干什么用的：山顶洞人遗骨旁边的赤铁矿、绿松石、玛瑙和玉石，是偶然的遗落，还是给亡灵的祭奠品？新石器时代大汶口文化层中的原石和南京北阴阳营遗址的雨花石，是祭祀用的还是亡者的“收藏品”？时代更晚一些墓葬的中，所找到的“小石子”也是迷雾茫茫：陕西咸阳西尔村发掘的 57 座战国至秦代墓葬中，遗骸脚下的一个铜盆中有 6 块黑石头（煤精石）和 7 块白石头（花岗岩），每粒都被打磨成精细光滑的矩形小方块，是干什么用的，是身份的“凭证”、亡者的“收藏”，还是未亡人对他们的祭祀品?

再看一些大型人工建筑或天然巨石，如埃及的金字塔、复活节岛的石刻、美洲玛雅人的金字塔和英国的巨石阵，以及一些巨石的形成、与石头有关的奇闻和石刻、摩崖、岩画上的文字与历史事迹，都有古人留下来的旷古“谜团”。

金字塔之谜

要说石文化之谜，首屈一指当属埃及的金字塔。

埃及的金字塔不但在建造方面给我们留下了许多猜不透的谜，而且

埃及的金字塔

在五千年的风沙中巍然屹立，引发了无限的遐思……

埃及尼罗河西岸有80多座金字塔，大致都建造于公元前3000年前后。它们的外层白色石灰岩取自尼罗河东岸的穆卡塔姆采石场，构筑墓室的花岗岩则取自800千米外的阿斯旺。最大的一座金字塔是第四王朝法老胡夫的陵墓，建于公元前2700年，高146.5米，由约230万块大小不等的石块砌成，总重684.8万吨。

近百年来，金字塔建筑之宏伟，工程之浩瀚，材料运输之艰难，让无数的考古学家、建筑学家、历史学家和其他科学家费尽了心思，金字塔一些奇特现象和功能，更使不少人付出了一生辛劳和智慧的代价。

请看一下几组有趣的数字和金字塔外表及其内部特异性能。

金字塔的自重 $\times 10^{15}$ = 地球的重量；

金字塔的塔高 $\times 10^{8}$ = 地球至太阳的距离；

金字塔的塔高平方 = 塔面三角形面积；

金字塔的底周长 ×2 = 赤道的时分度；

金字塔的底周长 ÷（塔高 ×2）= 圆周率。

这一系列的数字是有意识的安排还是偶然的巧合？如果说是巧合的话，塔内的诸多奇特现象，更给金字塔蒙上了重重的迷雾。

金字塔数千年不倒，而能在风沙中巍然屹立，特别是探险和开发过程中发生的种种怪事，不能不使人想到：金字塔中有特殊的能量吗？真的有法老的诅咒吗？爬上金字塔顶真的触犯了法老而会受到惩罚吗？……

所有这些问题虽然不一定都与所用的石头直接有关，但无疑取决于建造者的设计思想，因而使金字塔成为千古之谜。

复活节岛石像之谜

1722年4月6日，荷兰人雅各布·罗赫芬在南太平洋东南部，离智利西海岸 3900 千米的太平洋上发现一个小岛，因为那天恰好是复活节，遂将其命名为“复活节岛”。其实这个面积 117 平方千米的小岛是有自己的名字的，都叫它“拉帕努伊岛”，当地语言是“地球的肚脐”之意：它太靠近地球的“中心”了！是地球上最与人隔绝、荒无人烟的地方。

这个小岛几个世纪以来引起人们经久不衰兴趣的，不是它的名字，也不是它的“地球的中心”地位，而是岛上众多巨大而奇异的石像：全岛 1000 多尊不仅都是些没有腿脚的半身石像，长相又是那样的离奇古怪。多数石像都是拉长了的脸庞上镶嵌着两颗深深的眼窝，眼睛则因为装上了发亮的黑曜石或者闪光的贝壳和珊瑚碎片而显得炯炯有神，再配上高高的鼻子和一对长长的耳朵，外加一顶硕大的石帽子，难怪起初有人一口咬定它们是外星人的杰作。而它们的神情有的慈祥怡然，有的怒目而视，有的从容淡定，有的杀气腾腾；有的似在课堂上讲学娓娓道来，有的像在家中与亲朋好友谈笑风生，有的似在策划某件大事，有的则显出“拼将热血洒疆场”的气概……

这些鬼斧神工般的艺术品令现代艺术家们也自叹弗如。但是，这些石像是谁的杰作？干什么用的？为什么有的“散居”，有的又排列有序？有的光头，有的戴帽？巨大的“石帽”是怎样戴上去的？是什么原因让人们费心费力地把这些石人从石坊搬运到海边排列成行？最后还有一个问题：能制作出这样高超艺术品的民族怎么啦？这个高度发达的社会为什么会无影无踪了？

两百多年的猜想，无数考古学家、人类学家、植物学家与语言学家的努力披沙拣金，使其面目逐渐廓清，终于对这个民族的创造力轮廓有了一个认识，对这个社会有了些许了解。经过数世纪几代人的科学考察，配以放射性碳年代鉴定法等先进仪器和科学分析理论，目前大致理清了复活节岛石像产生的文化背景：早在欧洲人来到岛上的 500 年前，也就是公元 1200 年之前，一些为逃避部落间的冲突和战争而来到这里寻找新的栖身之地的波利西尼亚人，划着木筏在拉帕努伊岛靠了岸，他们带来了家畜和各种农作物种子，在岛上开始了新的生活。

新来的移民同心协力开垦了荒芜的土地，砍伐了一片片茂密的亚热带森林，种植了香蕉、芋头、白薯和甘蔗，在家里养殖了家禽家畜，下海去捕捞鱼虾，使岛上人口迅速增长，数千岛民过上了稳定而富足的生活，每

面海而立的石像

人们设想：石像是怎样竖立起来的？

个部落都有了自己的头领和祭司，全岛迅速成为一个人丁兴旺欣欣向荣的、具有复杂社会结构的地区性文明。

专家分析，岛上的石像文化在公元1500年前后到达巅峰；但是，时间一长，岛上开始了部落之间的纷争。每个部落和祭司都在力求表现自己强于邻居；为证明自己的实力，也为了恐吓竞争者，大肆砍伐树林，争相建造石像：哪个部落建的石像大，就证明它实力强。求大求高的倾向导致岛上的经济衰落和生态灾难：资源在竞争中消耗殆尽，树林被砍光，接踵而来的是饥馑年代，那些弱小和贫穷的部落便只能闷声吞气，寄人篱下。拉帕努伊岛走向了荒凉和没落……

长城之谜

长城是以砖石结构为主的伟大建筑。在冷兵器时代，主要用来抵御外敌。人们在探讨它的石文化价值时，惊叹工程的艰难，赞叹人类的智慧在那个时代所创造的浩瀚工程。

在这里要说的是，城砖尚可用强韧的黏合剂依山构筑长城，不少城段竟完全用石头垒砌而成。如果说居庸关、老龙头地段有相当部分是大块石头直接砌成还可以理解的话，像山西岢岚县的一段近40千米的宋代石砌长城、河北迁安红峪口村的一段明万历年间修建的2500多米完全用大理石所筑的长城，就显得更加艰巨，更让人叹为观止。人们不禁要问：这样巨大的石块是怎样开凿，怎样运输，怎样垒垛，怎样构筑上去的？确实体现了长城的伟大之处。

英国巨石阵之谜

英国有一座名曰索尔兹伯里的巨石阵，又名埃夫伯里石环。在英格兰东南的索尔兹伯里附近有一个叫阿姆斯伯里的小村庄，地方虽小，那高高耸立的巨石阵却使它闻名遐迩：这个巨大的石建筑在空旷的原野上占地 11 公顷，主要由大块大块的砂岩条石组成，每块约重 30 ~ 50 吨。几十根巨大的石柱排成几个完整的同心圆，石阵中心的石柱高达 6 米，平均重量达 30 吨，有的上面架有一条重达七八十吨、以榫卯与石柱连接的横梁。从现存的遗址看，这个环形石柱群被直径 120 米的土堤所围绕，高大的石柱上面是厚重的而紧密连接石楣梁，形成一圈柱廊。石环外侧土墙的东部有一处巨大的石拱门，使整个石环呈马蹄形展布。石环上有五座呈同心圆状排列的门状石塔。据考证，这座欧洲史前文化祖庙遗址建造于公元前 4000 年至公元前 2000 年。2008 年，英国考古学家发现它的准确建造年代距今已有 4300 年，即建于公元前 2300 年左右。

如果说人们对金字塔的兴趣是在于它的众多特异之处、对长城的赞叹是它的雄伟壮观的话，那么对这个巨石阵的兴致所在是它的用途和建筑过程。

对它的用途尚有天文观象、祭坛和刑场等多种猜想。巨石阵的结构特殊，日落时分周围地面上有不同寻常的影子，各个同心圆的拱门都朝向夏至日出的方向，因此最早人们认为它是一个天文观象台。但后来有人认为它是狩猎用的“兽圈”，有人认为是祭祀用的祭坛。又由于后来在附近有多达 60 多具人类尸骨的发现，有人就猜测它可能是一座刑场，许多人在这里被一柄利剑送上了“天堂”，留下的是首身分离的尸骨。反正从发现到现在，它已度过了数百年的“猜忌”日子。最新 2011 年年中的一份报道表明，巨石阵原来很可能只是一个纪念碑，但自从由威尔士普利斯里山运来一种能治病的蓝色石头并发现能治病的圣地以来，伤残者纷纷前来治病疗养。

几百年来，学者们抱着这样一种信念：一座建筑物总是要反映建造者

英国巨石阵：日落的余晖带走了历史的记忆，留下的是谜一般的巨大条石组成的“迷魂阵”

的意志，成为文化的体现。因此他们从巫术、宗教和科学的角度做过多种猜测。有一种诠释似乎让人觉得还可以接受：这个在一千多年时间里建成的建筑，由于经历了不同民族相继完成的历史，显然缺乏施工的连续性，在经过了十几代人之后，最后的建造者甚至已经完全抛弃了设计者的初衷，它的用途极有可能一变再变；看来，对它一点一滴的了解和研究总算向终极真理迈出了一步。

这么巨大的石头究竟是怎样搭建的？史前没有巨型的运输工具，也不会有大型的吊车或龙门吊，使人们产生了不少奇思妙想。最著名的方法来自英国考古学家朱立安，他用“滑轮吊升法”恢复了巨石的搭建过程。中国一位退休工人王金甲认为，古人是用“天平的原理，重力差的方法”搭建的。一些人认为，这些说法都有一定的道理，但毕竟是四五千年前的事啦，揭开它的全部秘密，尚有待时日。

新疆巨型石堆之谜

二十一世纪初，新疆阿尔泰山南麓的清河县三道海子地区发现 60 多座石堆型墓葬，通常认为是距今 2500 多年前塞人的坟墓。

石堆系由巨大的石块和石板堆砌而成。在新疆辽阔的大地上，沿着阿尔泰山往西一直到哈萨克斯坦都有所发现。有趣的是这些巨石堆常常与世界其他地方也能见到的麦田圈同时出现。麦田圈也是一个很有趣的现象：

独目人谷的石碑

独目人谷一览

巨型石堆近景

巨型石堆前的杀人石

独目人谷巨型石堆

在英国、俄罗斯和澳大利亚的一些地方的麦田中，麦子呈圆形、哑铃形、新月形或车轮状排列生长。它们的成因众说纷纭，有的说是天然而成的，有的说是人为的“恶作剧”，还有的说的外星人的杰作；这神秘的麦田圈与巨石堆有了联系，倒是很值得研究的。

考古界对新疆三道海子古墓和石堆阵的说法很多。有的认为是祭祀遗址，是欧亚草原地带最大的一座太阳神殿；有人认为是一座蒙古族的皇陵，当地传说这些石堆墓是蒙古第三代大汗——贵由汗的坟墓；还有的学者认为是塞人首领“独目人”的墓葬。据元史记载，距三道海子东北 3.5 千米处的喀曾达坂是元朝时的一处古栈道，成吉思汗及其子孙窝阔台、贵由汗都曾率兵经过此地，其中贵由汗在行军途中死于三道海子附近，那么死后埋葬于此的理由应该是可以成立的。

三道海子地区最大的一处巨石堆周长约 290 米，高 15 米，直径 60 多米，呈锥形，长达 1.5 千米的护陵河呈“S”形环绕而过。石堆上的石片长宽 0.3 ~ 0.5 米，估计用石量在两万立方米以上。

如果说是墓地的话，就有可能是首领人物的陵墓，或家族的大型坟地，甚至可能是刑场；无论如何，作为一种石文化的遗迹很值得研究。

石臼平原之谜

在老挝东北的川圹省散布着许多已有 2500 ~ 3500 年历史的石缸、石臼等巨大器皿。每个重达 6 吨，高 3 米左右。雕凿用的石头（大理石、砂岩和石灰岩）都不是当地所产。

与其他的巨石阵、巨石堆一样，它们的用途、石头来源和构筑方法，真叫人伤透脑筋。有说它们是古战场的饮酒用具，有的说是战殁者的“骨灰盒”。它们来自哪里？有什么用途？不得而知。

高加索石冢之谜

高加索山脉深处有一处被称为世间第八大奇观的“高加索石冢”，也是世界级的“石之谜”。这些“小石屋”曾被认为是古代巨人的住房，或者是外星人的天文台，抑或压根就是外星人遗落的“不明飞行物”。但后来石冢里发现了两男一女的遗骨，还有一匹马、几只羊的骨架、铜与金的饰物及碎陶片。看来，系坟茔无疑。

“答案”似乎有了。但是，令人们疑惑不解的是五千年来这些石冢竟然没有受到过任何破坏。专家们在石冢的材料上发现一点线索：石英与含石英的岩石在受压时经受住了不停的振动，石冢能够产生与次声波相近的低频振动；正是这种低频振动有可能引发疾病（如癫痫），这个作用就像金字塔中“法老的诅咒”那样，保护了石冢的安然无恙。石冢的结构分析表明，它能产生 23 赫兹的固定声波，那圆形的顶部犹如现代技术中聚焦超声波束的辐射器；位于山口的石冢正好像一座“军用激光器”，守卫在“前沿阵地”，保护着“主人”的安全。

美国的“死亡谷”

1849 年冬，一支前往金山的淘金队伍在横越该地区时，因受不了恶

相关链接

山前凹陷是指在地质变化过程中，由于高大山脉的隆起，在山的前缘出现的一种相对下凹的盆地，因此这里最容易堆积山上风化作用产生的粗大巨石。

劣天气的煎熬，在这个荒芜的大地上与死亡搏斗了80天之后，以在无垠的黄沙中留下数堆白骨而告终。获救后一位生还者回首望着山谷，感慨而伤心地喊出："再见了！死亡谷（Death Valley）"！这"死亡谷"不雅的大名从此不胫而走。此后，死亡谷又增添了"死火山口""干骨谷"和"葬礼山"等一身晦气的别称。

死亡谷位于美国加州的沙漠谷地，属于莫哈韦沙漠的一部分，东临内华达山，是美国莫哈韦沙漠与科罗拉多沙漠生物圈保护区的主体部分。

峡谷两"岸"是悬崖峭壁，地势十分险恶。死亡谷全长225千米，宽约6～26千米，面积达1400多平方千米。海拔标高为海平面之下86米，为北美的最低点。它与位于同一个大盆地中海拔4421米的美国本土最高点（惠特尼峰）相距仅有136.2千米；这一高一低，可见坡降之大！

死亡谷不仅是北美洲最低的地区，还是最炽热、最干旱的一块洼地。热到什么程度？这里不仅曾创下过连续六个多星期气温超过40℃的"纪录"，还于1913年7月10日以高达57℃的气温，获得西半球高温"冠军"称号。这里一年到头难得下点雨（年均降雨量仅为46.768毫米），可是，偶尔下起"倾缸大雨"来，就像滚烫的铁锅里泼上一桶冰水似的，地面上立刻冲起滚滚的泥流。

死亡谷的"名声"在外，最引人注目的是两个疑问：它是怎样形成的？那里的石头怎么会在地上走起来的？这两个问题引来众多的科学家和科学爱好者纷纷前往，进行实地考察。

经过百余年的探究，现在已基本查明：大约在300万年前，地质作用的巨大能量，将地壳压碎成一块一块硕大的岩块，并使一部分岩块拱起成为高耸的山脉，而另一些岩块陷落成为低谷。这就是地质学和地貌学中所指的"山前凹陷"：紧挨着高高耸起的内华达山脉，山前是一大片的洼

死亡谷一瞥

地。在进入地球的新生代时期之前，地球经历了一个天寒地冻的“雪球事件”造成的“冰河时期”；排山倒海的湖水灌入低凹处，淹没了整个“盆”底；又经几百万年火焰般日头的蒸熬酷晒，这个太古代时期遗留下来的大盐湖终于干涸殆尽。如今只留下覆盖着一层层泥浆和岩盐层的堆积物。

死亡谷中“石块漂移之谜”更是见所未见，闻所未闻，人们对它的兴趣更大。2010 年 9 月，外媒有过一则报道说，美国宇航局一群年轻的科学家对收集到的大量测量数据进行分析后指出，虽然一年到头的高温使死亡谷能获得酷热“冠军”的称号，可是，冬天的温度和湿度也足以保证地表能形成一层“冰层”；正是这一冰层成为石块移动的有力动能。三年后，一位美国宇航局地质学家认为，冬季使一块块石头被包在冰块之中，随着春风吹过大地，湖床开始雪融，包了石头的冰块浮在泥泞的泥土之上，在强劲荒漠风的吹动下，岩石便能轻而易举地“走”起路来，并且由于冰使它们浮起来，减小了其间的摩擦力，所以在软泥上留下一条条“行走”的轨迹。

为了充分利用和开发死亡谷的生态资源，美国在这里利用沙漠地带终

春暖花开时节，死亡谷的石头开始“走路”啰

年不断的强风，进行高科技的风力发电试验；在这里设立了爱德华空军基地和太空实验场所，每年数次试验航天穿梭机的升空和回收，以及火星探测器的实验。

1994 年 10 月，美国政府将死亡谷开设为国家公园，吸引了不少旅游探险者到这个蛮荒之地来寻求蒸腾的“快乐”。他们认为正因为是“蛮荒”之地，会让人产生几乎失去“空间感”和“时间感”的错觉；沧海桑田、物换星移的变迁，更能让人感受死亡谷中“生”与“死”交融的魅力！难怪每年 11 月初至翌年 4 月末，这里都成为美国人最佳的旅游之地，尤其是复活节、感恩节和圣诞节期间，还出现人头攒动的人潮哩！

雅石文化

石文化中有一支属于观赏性文化形态的雅石文化，它包括玉石文化、宝石文化、赏石文化、园林石文化和景观石文化；它们共同的文化特质表明它们是一种发现文化。

既然是“发现”就表明它们是已经存在于石头之中，而“文化”必然是人类的一种创造；所以，雅石文化是指人类发现了蕴藏于石头中的文化元素，从而丰富了石文化宝库。

先解释一下，为什么不说是“赏石文化”而说是“雅石文化”？因为我们在探讨赏石文化时，常常说到“观赏石文化”，并将其简称为“赏石文化”。而这里所说的“雅石文化”是泛指所有能够突出观赏性的石头，包括观赏石、宝石、玉石、园林石、景观石和工艺石；前面几种大多小巧玲珑，很雅致，便于收藏，可以置于厅堂和书斋几案，唯园林石和景观石虽然与小型的石头同样有雅俗共赏的功效，但体量较大或巨大。所以采用“雅石文化”一词，以将这一部分石头所蕴含的文化元素一并介绍给读者。

神州文化之神——玉文化

玉是古代中国文化的象征，是“中国文化之神”。

著名科学技术史学家李约瑟博士一语道破玉文化在中国传统文化中的作用。他说:“对于玉器的爱好，可以说是中国文化的特色之一。”实际上，玉文化也确实深深地融入了中国文化的方方面面。姑且不说古人，现代的中国人佩戴一款自己喜爱的玉饰，便是得到了一番以玉润德、洁身明志、志寓高远的精神享受；认识到玉文化的灵动和典雅，体现出主人的身家和品位，含蓄中显出华贵的气度。

狭义的玉是指硬玉和软玉。硬玉就是翡翠，矿物成分是透辉石（碱性辉石）。软玉是交织毡状结构的阳起石或纤维状微晶透闪石的集合体，例如名贵的和田玉。

广义的玉是泛指所有具工艺美术雕刻价值的岩石。如碧玉实际上是海底火山喷发后形成的硅质胶体沉积的岩石，常常是阳起石微粒的集合体，有时含有少量的磷灰石、透闪石、镁橄榄石、蛇纹石、金云母、滑石与磁铁矿等。岫玉主要由蛇纹石组成。玉石的不同颜色是由其结构的差异和少量至微量矿物的多寡和组合所致。经常也被称为“玉”的寿山石、青田石、巴林石、长白石和昌化石，实际上是由黏土矿物所组成：寿山石和青田石以叶蜡石为主，巴林石与长白石以高岭石为主，昌化石的主要成分是地开石。可以说，这些黏土矿物都与“玉”毫不相干。现代人则把玉的概念大

相关链接

玉质是指组成岩石的主要矿物为透辉石或透闪石，从而达到了其质地为“玉”的要求。玉质感则是指某一块岩石显示了一种与玉类似的感觉，表明该岩石可能含有些许透辉石或透闪石类矿物，也可能根本不含这两种矿物，只是其他矿物显示一种与“玉”表观上类似的感觉而已。最常见的就是石英类矿物组成的岩石，由于长期浸泡于水中，受到较强的致色和浸润作用，在颜色和质地上常常显示出玉质感。

我国岭南一带自古就被视为观赏石的黄蜡石，即是一种富有玉质感的岩石。黄蜡石的矿物成分并不含有透辉石或透闪石类矿物，其主要成分是石英。

大扩充了，将具有玉质感的石英质岩石也称为“玉”。笔者查阅过几本关于玉的学术和科普书籍，也有的采用了这种分类；这说明某些概念有可能随着时间的推移而发生变化。如云南命名的“黄龙玉”的石质是石英质；在我国岭南一带被称为“黄蜡石”，而在云南，由于有较强的玉质感、淡黄色，产于可将其理解为“皇帝之陵”的黄陵县，于是称它为“黄龙玉”也无甚不妥。确实，作为观赏石的原石及其雕刻工艺品，黄龙玉还是很是很畅销的。

在讨论之前，还要说明一下玉文化与赏石文化的异同点。其相同之处是，它们都是“石头”。即玉石是由不同矿物组成的岩石，观赏石则既可以是岩石（如造型石、图纹石、陨石和化石），也可以是矿物（矿物晶体石）；因此，它们所衍生的文化均属于石文化。玉石和观赏石的区别在于，绝大多数玉石允许（或必须）经过雕刻加工；而观赏石则相反，大多数不许“动手脚”式的加工，甚至不允许有任何人工的雕琢。仅仅大理石、草花石之类的图纹石允许切割或打磨，而造型石则不许有任何“动手脚”之处。

从“神玉”到“民玉”的玉文化

纵观中国数千年甚至上万年的玉文化，不难看出有三大特点。一是

历史悠久，并且连绵不辍，不但成为汉民族的一种特征文化，而且影响到金、辽、蒙、满等中国历史上相关少数民族的历史文化。二是文人为之“苦心孤诣”。为的什么？就是要往“玉”中注入自己的理想、抱负和祈望。譬如，儒家和道家都把玉作为道德、品行甚至权力的象征，使玉文化深深地嵌入中国历史上几乎所有朝代所有帝王的统治手段和统治风格。三是“工匠穷其技巧”。历朝历代都有工匠们为雕琢美玉而竭尽自己的才能，创造圆雕、浮雕、透雕和俏色等雕技，创作出以玉为载体的技艺高超、精美绝伦的玉制品，并与其他的文化形态，如龙凤文化、丧葬文化、宗教文化、民族文化、民俗文化相伴而行，从而形成了中国独具一格的玉文化特质，也深刻地影响到中国石文化的方方面面。

关于中国玉文化的历史，马未都先生在《马未都说收藏·玉器篇》中为我们勾画了一个生动的玉文化历史框架。他把这个框架比喻为一个人的成长过程：中国玉文化也经历了童年时期、少年时期、青年时期和壮年时期，而且每个发展时期都有自己的特点。他认为，中国玉文化“童年时代”的特点是玉的神化，称之为“神玉”时代，少年时代的特点是“礼玉”，青年时代是“德玉”，唯独未对壮年时代予以“定位”。笔者沿袭马先生的思路，将“壮年时代”定位于“民玉”，且稍微变动了先生对它与青年时期的时间划分。

玉文化的“童年时代”——神玉

中国玉文化的童年时代是指新石器时期。那时候为了生活要打磨石头，不求好看但求实用；虽然很难磨，还是要磨。当成功地磨圆一块石头之后，就会很高兴，很有成功感和满足感，进而追求器物的美感——包括质和形的美感。质的美感就是从一般的石头演绎到对玉的追求。形的美感就是形状要美观，做工要精致；当然要做到这一点也与对质的要求相联系。正如马先生说的：“由于磨制的成就感，开始了人类漫长的对玉石的追求。”

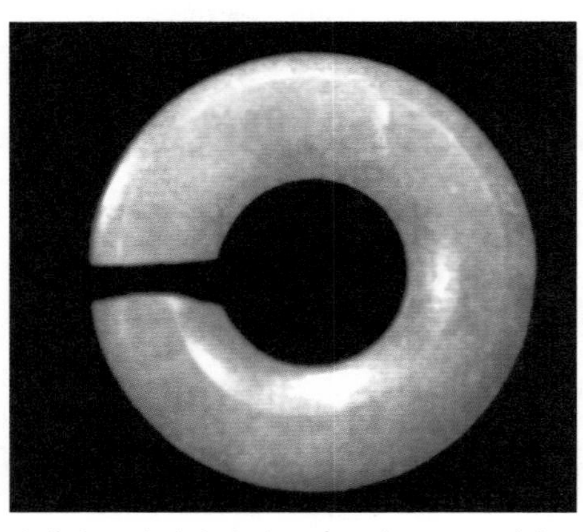

内蒙古兴隆洼出土的玉玦，直径 2.96 厘米

现在已经知道，大约距今8000年前，内蒙古兴隆洼的古代先民就开始尝试制作玉器。在距今8000~4000年的红山文化层、河姆渡文化层和大汶口文化层中都发现过玉刻和玉雕。但也有人认为在某些地区，这个童年时代可能要更早一些。例如，辽宁海城仙人洞遗址中曾发掘出距今1.2万年的岫岩玉砍斫器。

良渚文化时期难得的玉钺珍品

这个时期对“玉”的认识比较原始，只要是好看的石头，不管它是不是看起来温润、透亮，一律视为“美玉”。上图浙江余姚良渚文化时期玉钺的玉质并不很好，然带黄绿色色调的玉色还不错。据说整个玉钺由冠饰、钺和端饰三部分组成；冠饰和端饰为白色带紫褐色斑的软玉。

玉文化“童年时代”的遗迹在神州大地分布十分广泛。在许多这个时期留下的岩画、壁画上不仅可以看到妇女们佩有耳环和项链，甚至画中的男人也有佩饰戴玉的。最有说服力的例子，是辽宁阜新查海红山文化的原始村落遗址出土的一批玉器中，除了两件玉匕和一件玉凿外，还有四件环状耳饰玉玦，最大的一块直径4厘米，厚1厘米，有缺口，色泽纯正，磨制精致光滑，是古人用来佩戴的饰物无疑。此外，山东的大汶口文化与龙山文化层、浙江的良渚文化层、四川的大溪文化层与广汉文化层中都有玉石质的首饰出土。我国早在5000多年前新石器时代晚期就将绿松石作为装饰品，南京、新沂等遗址中都发现有绿松石耳坠，青海大通县的遗址中也发现有5000年前的绿松石、玛瑙与骨制装饰品。甘肃的齐家文化遗址发现过4000年前的绿松石珠。

在距今5000多年前，我国北方有以内蒙古赤峰的红山文化、南方有以浙江良渚文化为代表的玉文化。所发掘的玉器还有一个特点，就是大都有孔，似乎是用于佩戴或悬挂。

红山文化和良渚文化都强烈反映了早期中华民族的图腾崇拜和精神追求的特点。红山文化的玉器以鸟兽造型为特征，有鸟（鸮和鹰）、有猪，有中国的图腾崇拜——龙。其中有两类玉器最能代表这种文化上的需求：一种是嘴

新石器时代红山文化的青玉“C”形龙，高26厘米，宽29厘米

像猪、身如龙的玉猪龙；另一种是“C”形龙。1971年，在内蒙古翁牛特旗出土的一条“C”形龙被称为中国第一龙。

在发掘良渚文化层时，所找到的玉器就不像红山文化层中那样零星，而是一下子就能出土几十上百件，甚至几百件。其中礼器以璧和琮为代表。璧是中间带孔的圆形玉片，玉琮则是外方内圆的“容器”。有意思的是每个玉琮上都有统一的“神徽纹”图案，表明它们是一种祭祀用的神器。此外，二十世纪最后几年还在良渚地区发掘出切割和打磨技术已相当高超的制玉作坊。

余姚出土的玉琮

辽宁出土过距今4500年的玉凿、玉铲、玉剑，以及钻孔后留下的废玉芯材料，当时的玉雕技术可见一斑。南疆昆仑山北坡发现了新石器时代用和田玉制作的工具和装饰品，罗布泊地区楼兰的居民在7000多年前就用上了玉斧。

现在有一种观点认为，自新石器时代晚期（大约距今5000年）的父系氏族公社，经炎帝、黄帝到尧、舜、禹时期和夏代奴隶制度的建立，一直到商代出现青铜器，期间在中国存在一个玉器时代。虽然这个观点还没有得到公认，也还有待完善，但当时作坊式生产的玉器已经相当普遍，包括生活上的物品器具。满足精神生活的祭祀、占卜的器具，玉器都占有相当重要的地位，以上都是不争的事实。如果有更深入的研究和发现，将可能改写石文化的历史。

玉文化的“少年时代”——礼玉

自夏朝伊始，中国有了阶级分化，出现了奴隶，进入了奴隶社会。这个时期已经知道除了玉之外的各类宝石和好看的石头（如绿松石、孔雀石、玛瑙、绿色磷块岩和带色的硅质大理岩等）的利用。

相关链接

玉璧位居所有瑞器之首，其形态寓意“圆形象天”，因而是礼天的重要法器。它又分有领和无领两种形制。

玉璋供祭天、拜日、祈年、祀山川之用，也可有兵符或馈赠等用途，是社会等级和权力的象征。

玉琮形状“天圆地方”，中有一孔相通，寓意“贯通天地”，象征精神、信仰和政治权力。

玉戈和玉刀系由用来钩杀或劈杀敌人的兵器演变而来，它们脱离了兵器的实用性和功能，演变为礼器中象征仪仗队的仪仗用器。

钺原来也是一种兵器，而玉钺则为象征君王政治和军事权力的礼仪性用器。

奴隶社会在王权的作祟下，开始互相争权夺利，发生大规模的抢人、夺地和劫粮的战争；用玉制作的兵器玉斧、玉戚、玉钺、玉刀和玉戈，成为王权和军权的象征。玉璋、玉璧、玉琮、玉钺等也成为这个时代象征性的礼器，成为“少年时代”玉文化的特征。

商代是一个酷爱玉的时期。1976 年发掘的商代第 23 代王的配偶妇好墓中 750 多件玉器的出土，就是一个明证。其中有些玉器的功能和用途简直令现代人匪夷所思；其玉器类型之众、形制之繁、制作之精致，既说明了墓主人的显赫地位，又显露了商代玉文化的冰山一角。为了扩大规模以满足王公贵族对玉的需求，商代专门设置了“玉作”一职，用以管理那些打制玉器的“玉人”奴隶，当时社会玩玉风气之盛也可见一斑。殷都皇室是当时最大的玉器生产中心。此外，还以纳贡、交

妇好墓中出土的跪坐玉人

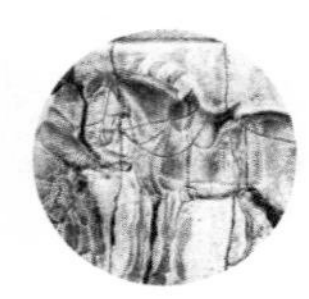

换和掠夺的方式占有大量的玉石和玉器。河南殷墟出土过绿松石、孔雀石、玛瑙、水晶等装饰品，表明不但玩玉，还玩各种宝石，逐渐向宝石文化延伸。

商代是玉器和青铜器并举的时代；也就是说，对石头的外观、形态、透明度等物理性质的认识，逐渐转变为对石头成分等化学性质的认识和利用，从中提炼出金属以制造青铜器。这是人类对包括玉石在内的“石头”认识上的一种跨越。在整个石文化的发展历史中也是一个很重要的转折点。

周代汲取殷商灭亡的教训，制止了连年的战争，改变了过于残暴的统治手段，开始制订各种礼仪制度；在文化上更多地表现出“礼”的含义。《周礼》和《礼记》等就是当时制订的约束人们按“礼”行事的文明规范。

西周继续设置专事玉及其制品的鉴定、管理、分类和使用的官员“典瑞”，还规定了按爵位佩带不同的玉种。人们开始意识到玉的祥瑞和避邪功效，并赋予玉器强烈的政治色彩和浓厚的文化内涵。《周礼》规定“以玉作六器，以礼天地四方”。从那时开始，中国人就以不同颜色、不同形状的玉器祭祀四方：东方为青龙，以青圭祭祀；南方是朱雀，应以赤璋祭祀；西方为白虎，以玉制的白琥祭祀；北方为玄武，应以玄璜祭祀。

饶有意思的是，在3000年前远离殷商政治、文化中心的偏远之地——蜀国也有相当成熟的玉文化。看一下成都附近的金沙遗址的出土文物，真是令人叹为观止啊！

金沙遗址是成都市城西金沙村的一处商周时代遗址。遗址清理出珍贵文物达千余件，包括金器30余件、玉器和铜器各400余件、石器170件、象牙器40余件，以及大量的陶器。其时代绝大多数相当于商代晚期（约公元前17世纪初至前11世纪）和西周早期（约公元前11世纪至前771年），少数为春秋时期（公元前770年至前476年）。遗址由周边的祭祀场

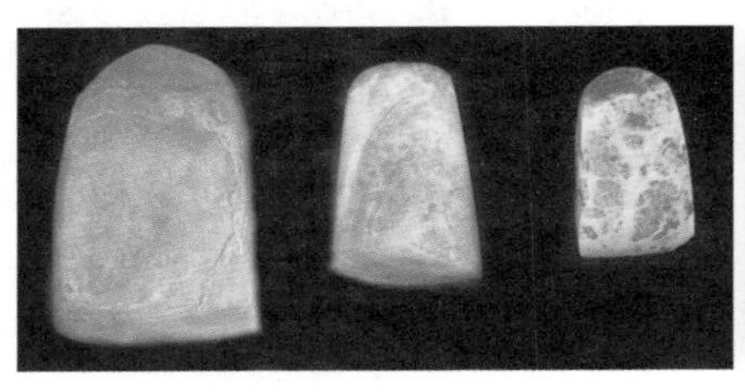
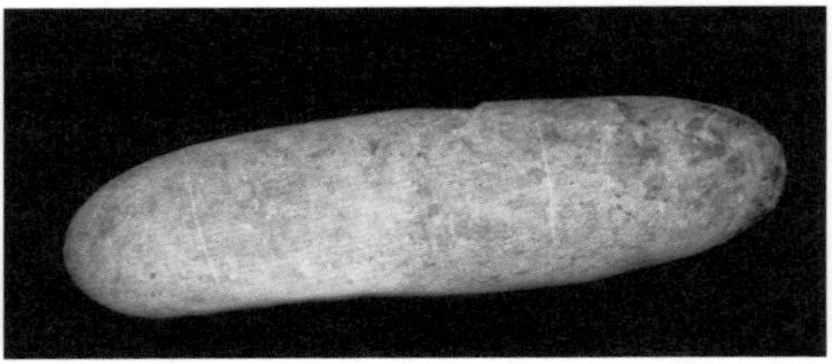

金沙遗址出土的各种石器

所、大型建筑、一般民居和墓地组成。已经出土的千余件文物都极为精美。如金器中有 30 多件金面具、金带、圆形金饰、喇叭形金饰等，其中一件太阳神鸟金饰足以让我们看到 3000 多年前金制作工艺之精湛。石器中除了石凿、石锛和玉凿等工具外，还有石璋、石矛、石斧、跪坐石人、石虎、石龟和石蛇等雕刻成品，其中的跪坐石人造型逼真而生动，栩栩如生，极可能是当时的奴隶或战俘的造型。

金沙遗址出土的跪坐石人像

玉器制作十分精美且种类繁多，无论是玉璧或玉琮上都留下了刻纹细致、几何图形规整的痕迹；想一想，在 3000 年之前就有这样高超的钻磨技术，岂不令人赞叹！发掘的玉器有玉琮、玉璧、玉璋、玉戈、玉矛、玉斧、玉凿、玉斤、玉镯、玉环、玉牌形饰、玉挂饰、玉珠，以及加工的半

金沙遗址出土的各种加工玉器用的工具

成品和玉料。其中最大一件十节翡翠绿色玉琮高约 22 厘米。

出土玉器的造型风格与良渚文化如出一辙，雕刻精细，表面细若发丝的微刻花纹和一种人形图案堪称一绝。数量极多的圭形玉凿和玉牌形饰颇

相关链接

古代的玉质礼器有不同制型，代表着不同的含义和用途。圭：长条形，上尖下方，亦有平头的；璋：状如圭，两头带尖，或有上端斜边；琥：弧形，虎状；璜：弧形，一般为龙形鱼形。

玉戈是另一种重要的礼器，是由勾杀敌人的兵器——戈演变而来，也是一种重要仪仗用器。

金沙遗址出土的商周时期各式玉璋；玉璋是一种很重要的礼器，用作祭天、拜日、祈年、祀年、兵符或馈赠，是社会等级和权力的象征

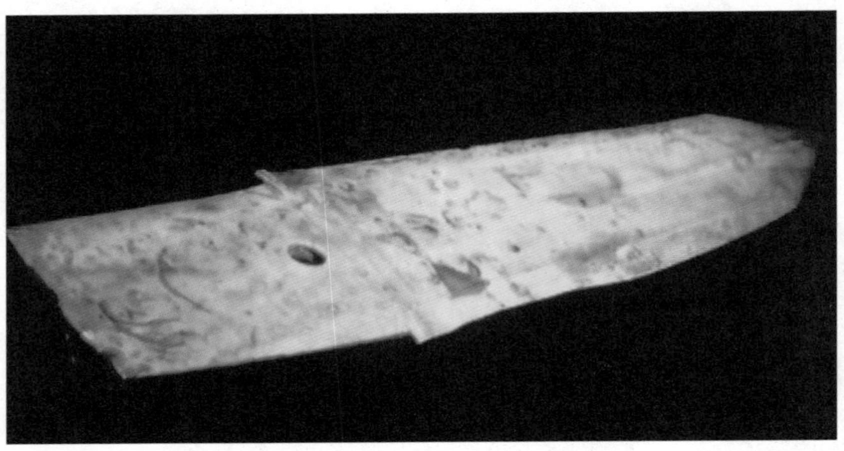

三星堆文明时期大约 5000 年前的玉戈

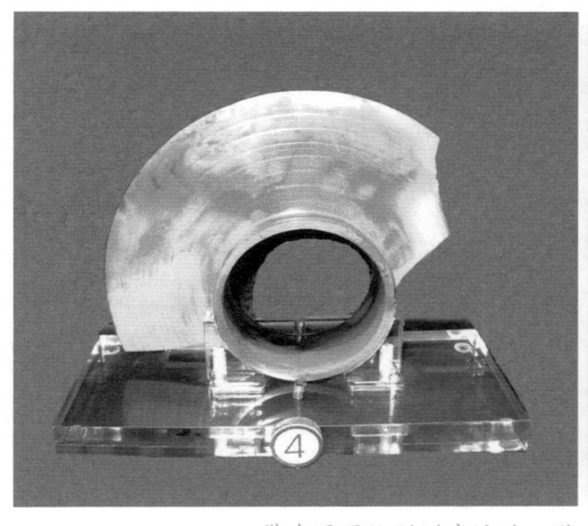

带有圆圈纹刻划痕迹的玉璧

带有管钻痕迹的玉琮

具特色。玉璋的雕刻十分细腻，纹饰丰富，有的纹饰上还饰有朱砂。总之，金沙遗址出土的玉器器形之多样，数量之巨大，令人叹为观止。

专家们普遍认为，金沙遗址除村落民宅外可能还有祭祀的场所；但从大量玉器、石器的半成品和原料看，不排除该地设有玉、石作坊的可能。

金沙遗址的发掘结果，不论是器皿的材质、质量，或是制作工艺、成品精致程度，都表明远离中原地区的蜀国文明，更多地渗透有中原和长江下游良渚文化的痕迹，说明金沙文化与中原文化有着深刻的内在联系，也反映了当时各地的对外交往和贸易已非常频繁，因而造就了既有其独特的魅力，又深受中原、长江下游等地域文化影响的金沙文化。

玉文化的“少年时期”所突出的“礼”的特质，不但表现在祭祀上，也反映在其他方面。《周礼·春官》中规定不同的官爵应手持不同制型的玉器:“以玉作六瑞，以等邦国。王执镇圭，公执桓圭，侯执信圭，伯执躬圭，子执谷璧，男执蒲璧。”古人所云的“君子无故，玉不去身”和“君子比德于玉焉”就出于《礼记·玉藻》。

这种以爵位、官职佩玉的规定，后来不仅演绎成封建时代奇特的“官场文化”，到了近代和现代，甚至仍然影响到授勋或获奖的佩带样式。

玉的“礼”的性质逐渐转向丧葬文化演化。人们认为，玉的温润致密使之具有特殊的防腐功能，能保障尸体长久不会腐败；如在下葬时用玉堵住尸体的嘴、眼、鼻、耳等部位，灵魂就永远附体而不“出窍”；而且，与

尸体一起下葬的玉和玉器愈多，就愈能显示死者的身份和生前的荣华富贵。1992 年，山西曲沃出土的 19 座西周古墓就是以玉殓葬文化的代表作，其中有一座墓就出土 800 件玉器。这种葬玉文化在汉代之前就已极为兴盛，而且一直延续了 2000 多年。

马未都先生指出，商代的社会意识是鬼神文化，在玉文化中就体现为神玉文化；周代比较政治化和制度化，在石文化中就表现为礼玉文化，这是一种进步，一种发展。

玉文化的“青年时代”——德玉

春秋战国时代正是中国由奴隶社会向封建社会转变的转制时期，所有制和政治制度都发生了转变。所以历史学家把春秋时代划为奴隶社会的末期，而将战国时代划为封建社会的早期。这样一个时期必然是混战一场，所谓“春秋五霸，战国七雄”就是这种社会转型时期的特征。这个时期思想战线的交锋表现为“百花齐放，百家争鸣”的大好形势。中国儒、释、道“三教”（或称“三学”）中除了佛教是后来从印度传入的之外，儒教和道教都滥觞于这个时期，而且对后续历史的发展有着重大的影响。

其中孔子将玉的“德化”对玉文化的发展起着决定性的作用。以孔子为代表的春秋战国时代的思想家们都认为玉是有“德”的。孔子对玉文化的贡献莫过于他以玉比德的思想。他认为玉有十一德：仁、智、义、礼、乐、忠、信、天、地、道、德。其他诸家也认为玉蕴含有“德”。例如，管子认为玉有“九德”，荀子认为玉有“七德”（《荀子·法行》）；《说苑·杂言》中说玉有“六美”。到了东汉，许慎在《说文》中将玉的“德”归结为“五德”（仁、义、智、勇、洁）；并与玉自身的温润、柔和、清亮、晶莹相结合，把“德”演绎为“润泽以为温，自外可知中，其声舒扬以远闻，不挠而折，锐廉而不枝”。从而将玉性与人性相结合，深刻地阐明了玉所蕴含的丰富的文化意义。

在这个德玉时期，玉不仅有了“德”的内涵，还成了“德”的象征。所以那个时候看一个人有没有“德”，就看你身上有没有玉，从而演绎出“君子无故玉不去身”的观念，也成就了中国人一生喜欢玉、终身佩戴玉的习惯。

封建社会思想奠基人孔子的“德玉”思想，对后世的影响极为深远。因为封建社会法律的“准则”是“君君臣臣父父子子”，即“君要臣死，臣不得不死”，“父要子亡，子不得不亡”。这样，在民众层面上的社会约束力就只有“道德”了。被孔子人格化了的玉纳入了道德规范之后，玉就从帝王将相的神坛上一步一步走了下来：先走进上层社会，再走向平民百姓，使普通老百姓也能享受到过去只有帝王将相使用和佩带玉的“专利”。

玉文化的“壮年时代”——民玉

应该看到，玉文化的发展是与整个社会的发展相匹配的。被孔子“德化”了的玉适合于孔子那个时代；随着时代的发展，玉文化也会而且应该逐渐演绎的。

马未都先生在论玉的文章中，将被孔子“德化”了的玉分为两个阶段：前期包括春秋战国、秦代和汉代；后期指汉、唐以降。他认为这两个阶段的玉文化有重要的区别：前期是孔子对玉的“德化”，后一个阶段是“德化”了的玉被再次“平民化”。

笔者以为，既然是平民化了，就表明玉文化走向了成熟，走向了平民大众；虽然马先生在文章中没有提出“民玉”的说法，却在时间上和理念上给出了迥然不同的阶段划分。既然如此，这个玉文化成熟的标志：“德化”后的深化——“平民化”，何不顺理成章地分出一个壮年期成熟了的“民玉”阶段呢？何况这个“汉、唐以降”在时间上足足占了5000年中华文化史的五分之二。

孔子的“德玉”思想不仅是从“礼玉”向“德玉”发展的基石，也是由“德玉”进一步向“民玉”演绎的思想基础。

在这个玉德“下行”的过程中，社会思想基础的转变和经济的发展，起到了十分重要的作用。具体地说，汉武帝刘彻罢黜百家独尊儒术，使孔子的“德玉”思想起到主导社会发展的作用，而汉代张骞出使西域，凿通的中西文明交流的丝绸之路是发展经济的重要推动力。

在历史书上，通往西域之路一向被称为“丝绸之路”，实际上从玉文化的角度看，这是一条“玉帛之路”。那时候，这条路上的重要驿站——玉门关在汉代就已经以输运玉石而誉满全线了。关于这一点，有杜甫的诗为证：“归随汉使千堆宝，少答朝王万匹罗。”这条“玉帛之路”为中华民族的经济繁荣和文化交流起着推波助澜的作用。新疆的玉通过“玉帛之路”进入中原，为“民玉”的产生和发展创造了物质条件。

有了思想上的“武装”，又有了经济发展的基础，玉从神坛走向以帝

王宫阙服务为主要对象的“礼玉”，再从宫阙走向带有道德范畴意味的“德玉”，最后必然成为民间的一种文化形态——“民玉”，最后才有可能升华成为中华民族的文化之神——玉文化。

中国人情有独钟的玉文化情结

中国人对玉的情有独钟是世界闻名的。从古代对玉的划分和采玉的方式，就给人以浓浓的文化氛围。

中国古代把玉石分为“宝玉”“美玉”“玉”“属玉”“石之次玉”“石之似玉”，以及“石之美”；几乎把自然界所有美丽的石头都归之于“玉”。这种观点的源头就是“石之美者为玉”的理念；也正是这样的理念，才有了“君子比德于玉”和“君子无故玉不去身”的玉之“德”。

早在古代，中国人就按颜色将玉分为青玉、碧玉、玄玉、白玉和绀玉，以羊脂白玉为上品。和田玉按产出方式，可分籽玉、山流水和山料；前两种是岩石风化崩落于河中，即为产于河流水中的玉，山料则是直接从山石中开采而得。从河流中采玉有“踏玉”和“望玉”两种方式。踏玉是维吾尔族人的“专利”，自古以来，他们练就了涉水“踏玉”即可知道是“石”是“玉”的本领。有的地区还有只有妇女或小女孩才能“踏”到美玉的说法，这似乎给采玉蒙上了一层神秘的面纱。“望玉”是秋高气爽之际，夜视月光，见月映精光者便可得上品玉石。如此采玉，就在采玉过程中为之增添了几多文化元素。

精神上的玉文化情结

中华民族是一个以龙为图腾的民族。世界上没有“龙”，更没有人见到过龙。但是，这种民族的图腾久而久之形成了世界上独一无二的龙文化。中华民族一直相信龙是自己民族前进、向上和无所畏惧精神力量的象征：“真龙天子”只是帝王的自诩，民间的龙则是吉祥、神圣和喜庆之物。

凤是神州大地先民心中的神鸟，被东方古代民族信奉崇拜的图腾。他们把凤视为天下太平的象征，吉祥如意的瑞物。如果说皇帝将自己诩为“龙”的话，那“凤”之美名则常常被赐给了他的妻子——皇后。

虽然似乎谁都说不清道不明“龙”是什么样子，可是很早以前就有了与玉文化相结合的玉雕的龙凤文化。

早在 5000 年前，不但龙的形象就已经出现在早期的玉佩、玉玦、玉璧和玉琮上，还有单独的玉龙雕刻，都清晰地反映了龙形象的演化，既体现了一种原始的美，又表明了中华民族奋发向上、无所畏惧的精神力量；玉雕的龙充分表明了玉文化与龙凤文化在发展历史上是携手同行的。

有趣的是，有人总结提炼了历朝历代雕刻龙形象的特点：新石器时期的龙全身光滑圆润，通体墨绿色，线条简洁有力，头部平坦，无鳞甲无龙爪，颈脊长而鬣高扬，显示了抖擞、亢奋、向上的精神面貌；商周时期的龙光滑圆润、造型简单、无鳞甲、无爪，多呈蟠曲状；商代早期的玉龙头尾相接，后来渐渐抬头伸腰，巨头，大眼，独角，张口，腹部“长”出一对短足，身上覆有鳞纹；春秋战国的玉龙雕刻逐趋成熟，龙身呈“S”形，尾细长且上卷，腾跃矫健，显得龙跃爪舞的欢腾状。

总的来说，先秦的玉龙多呈“C”字形，龙纹质朴而粗犷，没有肢爪，似乎有点像蛇，富有一种原始的美，充满了奋发向上的力量。汉代的玉龙则跳出“S”形的束缚，呈完全的欢腾状。唐代的玉龙更显活跃，大有“生龙活虎”之势：龙身呈多个“S”形，有走、蹲、飞、升、降等各种姿势，还以云雾为背景，寓意穿云破雾，勇往直前。宋代的龙佩出现多层镂雕。元代出现有“坐”龙，突胸翘尾，彪悍威武。明代的龙有一双突出的眼睛，这种大眼睛的龙一直延续到清末。

凤即为凤凰，最早见于原始社会时期的彩陶图案，形象美丽精致，眼似人眼，口衔吉祥物。商自视为凤鸟的后裔，商代的器物上有大量凤的图案和纹饰，凤的形象常是长冠修尾，勾喙利爪，眼睛大而圆，翎羽饰有华茂纹样。安阳妇好墓出土的玉佩凤雕——“中华第一凤”最具代表性：冠如鸡，圆眼，长尾，尾翎两支，翅上有阳刻的羽纹，仪态端庄优美。西周时期最崇拜凤，这个时期的玉佩上的凤体健壮，有带锯齿状扉棱的长尾。春秋时期的玉制凤佩数量众多，形象生动，

战国时期的龙纹透雕佩

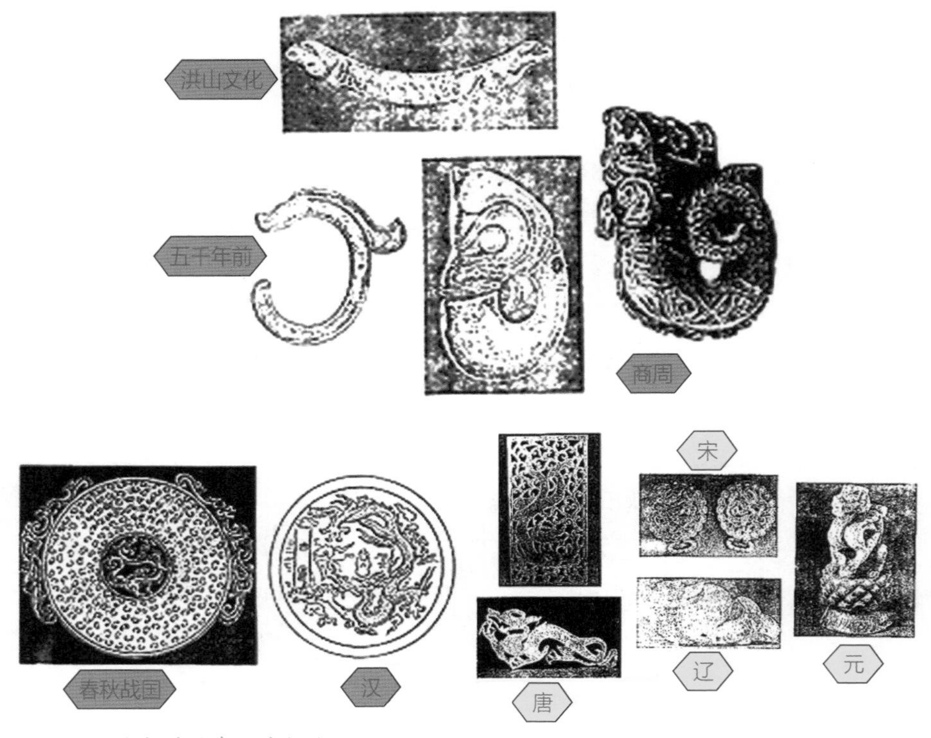

从旧石器时代到明清之前龙的飞跃

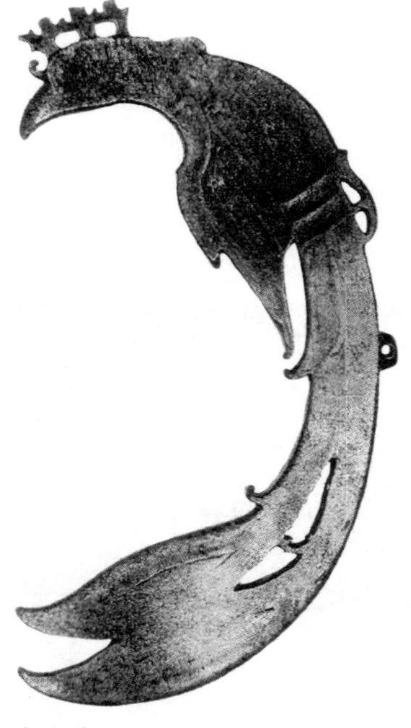

中华第一凤

动感强，造型多变：尖喙，高冠，短翅，细颈，鱼尾状长尾向外分叉，甚至出现了成双成对的组合凤，或与龙“合成”为鸟头龙身的凤。汉代玉佩凤的特点是长颈，高腿，细眼，尖嘴，飞鸣起舞，似乎能呼之欲出。隋唐的龙凤文化达到鼎盛，并从玉佩上扩散到石刻、铜镜、陶瓷与织绣制品上。总之，玉佩上的凤经过“玄鸟—朱雀—凤”的演变，集中了锦鸡、大鹏、仙鹤、鹦鹉和孔雀的外形特点，终于完成了中国人意识中最吉祥最理想最完美的凤的造型。

先有新石器时代晚期的龙，后有商代的凤，到西周有了龙凤合雕的玉佩，春秋时期龙凤玉佩甚为流行。龙凤合璧是中国人心目中的另一种图腾：龙配凤，或希望子女成才，望子成龙，或祈盼一份美好的姻缘。

除了玉雕和龙文化所表达的那种民族精神，千古传诵的“卞和献玉”和蔺相如“完璧归赵”的故事，也以传说、典故的形式将“以玉比德”的理念具体化，既颂扬了玉的精神，更是歌颂恪守信用的美德和舍生取义的情操。

由于玉有这么高的品德与威望，古代帝王喜欢将其作为印信。相传秦始皇统一中国后命李斯书写和刻制“受命于天，既寿永昌”，遂为“传国玉玺”。从此这个印信竟成了政权之争的象征：公元前 206 年刘邦攻入咸阳，夺得此宝，号“汉传国宝”。此后经西汉末年王莽篡权；到东汉末年的十常侍作乱；再经三国归晋，晋亡归隋炀帝掌玺；隋亡玉玺传至唐高宗李渊。至此，这颗已经传了 1640 多年的玉玺又突然失踪。据《明史》载：“石敬瑭乱，潞王携以自焚，则秦玺固已毁矣。”从此史家议论纷纷，和氏璧玺却从此未再面世。

中国人爱玉，已经“爱”到与权力之争的程度。当年，项羽设下的鸿门宴上，从“发起”“上宴”到“宴罢”几乎都与玉石有关。宴会上范增频频向项羽递眼色，三次拿出腰间的玉玦，以玉之“玦”和决断的“决”之谐音，提醒大王当机立断，铲除刘邦。无奈项羽当决不决，始终未下手。聪明绝顶的刘邦见势头不妙，遂借口小解中途退场，留下张良代送玉璧和玉斗。项羽接过玉璧，沉默不语，范增将玉斗摔在地上，并拔出佩剑将其击得粉碎。“玉碎”之举既是为自己的计谋失败而懊丧，也暗喻刚愎自用的项羽将犹如“玉”般而“碎”。想一想，是不是对玉的态度竟然起到“细节决定历史”的作用？

生活中的玉文化情结

中国人的生活中几乎处处都有着深深的玉文化情结：除了活着的时候的用具和首饰，人死了还要用很多很多的玉制品与之相随，演绎出独特的以玉质陪葬品为主的丧葬文化。中国的玉雕最早是将玉制品作为生产工具或生活用品，后来用玉雕、玉制品作玉器或装饰品，为中国玉文化打下了不同时代特征的文化烙印。

中国古玉器的文化含量首先表现在用途上。古人将玉器分为：礼仪玉器（瑞玉）、随葬玉器（葬玉）、装饰玉器（佩玉）及其他玉器。作为礼仪

的玉器有玉环、玉瑗、玉璧、玉琮、玉璋、玉璜、玉琥和（玉）编磬，它们自新石器时代起就被用于祭祀与典礼。

作为装饰的玉器最讲究刻制的质量，追求原料好、颜色艳、质地佳和造型美，并能体现出每个时代独特的艺术风格。考古人员初步总结了各个时代玉雕的艺术特点：新石器时代的玉器造型相对比较简单、光滑，磨工细致但不规范，也没有一定的规格；周代开始注意修整与抛光；春秋战国时代的玉器则能做到定型、上光，刻磨细腻，造型趋向复杂；汉代玉器的器形纹饰带有神秘色彩；唐代玉器厚重而细致，淳厚古朴，并开始出现镂雕；宋、元的物件细腻精巧，神态栩栩如生；明代玉器刀法粗犷有力，出现透雕，细工重形；清代玉制作的物器巧工俏色，镂空和半浮雕的作品显示较强的立体感。故宫有一件名为“大禹治水图玉山子”的古玉雕，高 2 米多，宽近 1 米，重 5 吨。它的和田玉原料于清乾隆三十八年（1773 年）采自新疆密勒塔山，经北京运往苏州雕凿，用工 15 万工，花费白银数万两，历时 7 年始成。整座玉雕雄伟壮观，美轮美奂，人物栩栩如生；雕刻之精美，技术之精湛，透射出中华民族五彩斑斓的玉文化水准，堪称世界之最。

中国民间自古就把玉视为纯洁无瑕、避邪保安之物；儿子出生，女儿出嫁，都要给准备一块玉，或作为“护身符”，或作为装饰品，保佑他们一生平安，祝福他们终身幸福。玉从中国的远古时期起，就有非常丰富的民俗文化含义。《诗经》里曰：“乃生男子，载寝之床。载衣之裳，载弄之璋。……乃生女子，载寝之地。载衣之裼，载弄之瓦。”这就是过去说的生了男孩叫“弄璋之喜”，生了女孩叫“弄瓦之喜”。这是民间重男轻女、男尊女卑旧思想的反映。

春秋战国时崇尚的“君子比德于玉”，把崇玉、爱玉、敬玉提高到一个理想乃至神圣的境界。在民间，这种理念被具体化为玉既是一种珍贵的观赏品，又是长辈对儿孙寄托的希望和祝福；特别是如果能有一块洁白无瑕的和田玉为纪念，那更是至圣至尊的了。所以，古代妇女的主要首饰发簪、耳坠、项链、手镯和戒指等，除了一部分是金银制品或玳瑁所制外，大多是玉制品。因为玉制品除了同样有金银首饰的财富寓意外，还多了一层荣华富贵与和谐吉祥的含义。

与玉有关的丧葬文化也由来已久：早在新石器时代遗存的发掘中就有

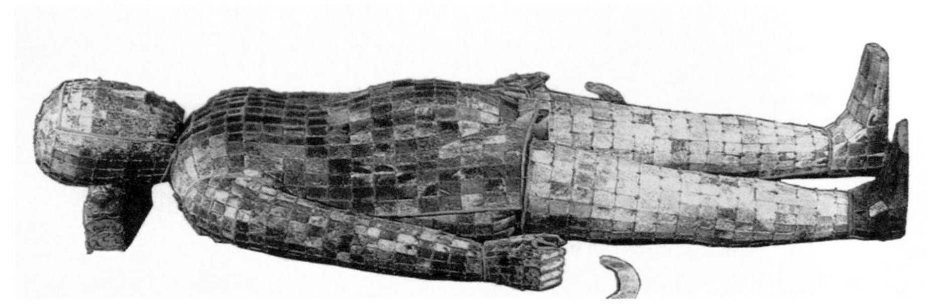
金缕玉衣（据《国宝》）

大量的玉制陪葬品。上文说到的商代妇好墓中发掘出这么多玉器就是一个典型实例。到了秦汉时代，这种风气更加盛行：山东临沂出土过西汉早期的玉帽、玉面罩、玉手套和玉袜。秦代或前秦时代就已出现玉衣的丧葬之风，汉时最为盛行，汉之后逐渐被扬弃。玉衣在秦时称“鳞施”，汉代称“玉匣”。常见的玉衣有金缕玉衣、银缕玉衣和丝缀玉衣。西汉中山靖王夫妇穿的是金缕玉衣，徐州土山汉墓墓主身着银缕玉衣，徐州拉犁山汉墓主穿的是铜缕玉衣，广州象岗山墓主西汉第二代越王则身着丝缀玉衣；大约都取决于他们在世时的地位。

明清两代 500 多年历朝历代的帝王将相无不对珠宝玉石喜爱有加，除去活着的时候，死后的陪葬品简直达到登峰造极的程度。

慈禧太后就堪称名副其实的“奢侈太后”。她的陵寝富丽堂皇，简直达到金、木、石“三绝”的程度：“金绝”——三大殿所用的叶子金就达 4592 两以上，殿内外彩绘 2400 多条金龙，64 根柱上都缠绕着半立体铜鎏金盘龙，墙壁上五蝠捧寿、万字不到头图案等也全都筛扫黄金；“木绝”——三大殿的梁、枋全都用上乘的黄花梨木制成。慈禧的棺椁是用名贵的金丝楠木所制；“石绝”——慈禧陵寝的石料均是上好的汉白玉，石雕图案更是绝中之绝。

慈禧的棺木内，底部铺的是厚 7 寸的金丝织宝珠锦褥，上镶大小珍珠 12604 粒、宝石 85 块、白玉 203 块。锦褥之上另有一层用 2400 粒珍珠绣成的荷花丝褥。尸身上盖着一条绣有 2.5 万字经文的金织陀罗尼经明黄缎捻金被，经被上缀有 820 粒珍珠。经被之上再覆一层缀有 6000 粒珍珠的丝被。

入殓时的慈禧头戴镶嵌珍珠宝石的凤冠，冠上镶有一颗大如鸡蛋、时值 1000 多万两白银的珍珠；口中含有夜明珠一粒；脖颈上有朝珠三挂：两挂为珍珠挂件，一挂全为红宝石缀成；身穿金丝礼服，外罩绣花串珠褂，足蹬朝靴，手执玉莲花一枝。身旁还陪葬有金佛像、玉佛像、翡翠西瓜、翡翠白菜、翡翠甜瓜、翡翠桃，以及玉罗汉、玉雕骏马、玉佩、玉玦、玉挂件和珊瑚等等不知其数。

据说，宝物殓葬完毕后，发现棺内还有空隙，遂倒进 4 升珍珠和 2200 块红宝石、蓝宝石和祖母绿宝石。仅这些“填空”的珠宝，就价值 223 万两白银。

尚且不算慈禧这位历史上著名的“奢侈太后”生前酷爱把玩的珍珠、玛瑙、宝石、玉器、金银器皿等宝物的价值，单就死后其陵寝和棺内的珍宝陪葬品，价值就高达上亿两白银。

东方神韵——赏石文化

不记得是哪位先师指出了“藏石六道”：石道人道，以石悟道；石身人身，以石修身；石性人性，以石养性；石缘人缘，以石结缘；石乐人乐，以石寓乐；石情人情，以石陶情。这精辟的“六道”淋漓尽致地道出了观赏石的无穷魅力；仔细琢磨一下这几句话，会让人不知不觉之中走上赏石之路。

观赏石是指天然形成的、具有观赏价值、收藏价值、科学价值和经济价值的石质艺术品；也就是说，对观赏石的要求既不会像玉那样高，又不是所有的石头都能称之为观赏石。它们和玉的差别是无需玉的质感（玉感），而只要能够符合上述几种性质和功能的矿物和岩石，都能称为观赏石。简单地说，它比对玉的要求要宽泛得多，当然也不是宽泛到“无限”的程度。观赏石又以小型（或微型）的体量与园林石和景观石相区别。

观赏石的这个定义是以自然科学（包括地质学、矿物学、岩石学、天体化学和古生物学）概念为基础，叠加了人文科学（包括美学、文学、艺术、经济学和资源学）的含义，既突出了它们的自然属性（科学性、天然性和可采性），又强调它的人文属性（收藏价值、观赏价值和经济价值）。

这里还要辨别一种词义，即我们在很多书刊上常常看到的“奇石”“雅石”“供石”“趣石”“珍石”“美石”“灵石”“文石”“怪石”“水石”“巧石”“寿石”“玩石”“摆石”，甚或“石玩”“自然石”“艺术石”等，与观赏石一词的异同和历史渊源。这些名词既与“观赏石”有相同之处，又有一定的差别。说它们有相同之处，是因为这些称呼都曾经出现在中国、朝鲜和日本等东亚和东南亚国家的古书中。甚至迄今韩国称观赏石为“寿石”，日本称其为“水石”，中国台湾的石友依然沿用“奇石”“雅石”或“供石”等名称；一些观赏石期刊上也不时有所出现。说它们有区别之处，是因为中国石界曾为此争论了十几年，现在终于尘埃落定：1989 年在北京召开的“京津冀石玩艺术研讨会”上，经过几番挑选和争议，又通过众多专家、学者的琢磨慎选，最后一致认为“观赏石”一词最为妥帖。2005 年，中国石界大联合，成立了中国观赏石协会。此后，在观赏石的定义、命名、分类、鉴赏标准，以及观赏石鉴评师的培训和资质评定、观赏石之乡和观赏石基地的评审和观赏石资源调查等工作中，都统一采用“观赏石”一词及其所规范的定义。

这里还需辨析一下“奇石”与“观赏石”的区别。

其一，是某些观赏石的外表看似乎根本谈不上“奇”：形状不出众，颜色黑不溜秋，与山坡和河沟中所见的石头毫无二致，可能连踢它一脚的兴趣都没有……可是，如果告诉你，它是一位“天外来客”，其科学意义在于它是“地球的孪生兄弟”，是“太阳系的考古样品”，它的经济价值在网络上以“克”为计，那真的会使你舍不得“踢”它，忙不迭地收入囊中啦！这是因为“奇石”是以“奇”为唯一的鉴别特征，而观赏石并不以突出“奇”为本，而是有一个综合的鉴赏标准。事实上，在观赏石中就有不少石种或某些观赏石外表看起来并不奇，而其文化内涵却有着极其丰富的人文意义、纪念意义和科学价值。

其二，对同样是“奇”的石头来说，只要是达到“奇”的标准，奇怪、奇特、奇异的石头都能称为奇石；但作为观赏石还必须能收藏和把玩。试问，那重达数吨数十吨的景观石、园林石岂可与能收入囊中的不过巴掌大小的小型（或微型）的观赏石同日而语吗？那块高 12 米、粗 8 米、重达 360 吨的黄山飞来石能收藏吗？谁能将澳大利亚的那块艾雅斯红石收藏入宅院？即使国家允许，你都没有能力挪动它半寸一尺，也没有足够的宅院让它有安身之处。所以，我们在讲“观赏石”的时候，既要强调它的观赏性，又要注意它的收藏性和科学意义。

此外，需要说明的是观赏石的观赏性实在是妙不可言，难以在本书中以一章一节的“容量”把它说清楚，于是笔者与雷敬敷先生策划了《山石水土文化丛书》中的《真与美的结晶》，以此既实践本丛书的宗旨，又不失保持每本书的版面平衡。所以在这一节中，只谈谈赏石文化的历史、收藏和鉴赏理念。

赏石文化的历史

远古时代，人类最早接触天然的石头是用作工具和武器，是生存之需。随着时代的进步和人的觉醒，由喜爱石头逐渐演变为对美的追求和精神需求，开始萌发收藏、鉴赏和研究美的石头。据历史文献记载，早在商周时期就有玩石之风，周武王灭商时“得宝石万四千，佩玉亿有八万”。战国时期的典籍《尚书》也记录了九州进贡“铅松怪石”和“泗滨浮磬”等观赏石的史实。进入封建社会，历经秦、汉、三国两晋、隋唐五代、宋、元、明、清历朝历代，赏石之风高潮迭起，经久不绝，并与造园相宅、诗词歌赋、书法绘画及根雕、微书和盆景等传统艺术相结合，形成了独具魅力的中华赏石文化。观赏石大量进入宫廷和官宦人家，文人骚客视观赏石为至爱，甚或见石必拜；帝王将相也以赏石为趣，置石为乐。《云林石谱》《素园石谱》等理论著作的诞生，标志着观赏石研究的繁荣和深化。自章鸿钊先生所著《石雅》伊始，中国观赏石研究有了科学元素的加入，此后，又有徐悲鸿先生赏石、张大千先生品石、沈钧儒先生痴石等佳话流传。当代观赏石事业得到振兴，有了广大群众的参与和鼓励，并受到文化部门的重视和支持；观赏石的展览、展销、研讨和研究皆能持续健康发展。尤其是中国观赏石协会的成立和所开展的工作，无疑给赏石文化事业的和谐发展注入了新的动力。

2014 年，国家批准“赏石艺术”入列国家级非物质文化遗产名录。2015 年 7 月 1 日起实施《观赏石鉴评》(GB/T 31390-2015）国家标准。

当前，我国赏石界对古人究竟从什么时候开始“盯上”了观赏石的，还有一定程度的不同之见，从求大同存小异的角度，一般都同意将有意识的收藏与观赏视为发祥于先秦；但对“先”到什么时候，一些人认为在旧石器时代，有人则认为可能要晚一些时间。如果撇开这一争议，对下面这个发展的“时刻表”：滥觞于魏晋，鼎盛于唐宋，完善于明清，繁荣于当代——似乎争议就不大了。

茹毛饮血时代的观赏石

本书曾经说到，在中国史前的五六十万年间，我们的祖先已认识和利用了数十种矿物和岩石。这里所提到的“认识”和“利用”已经隐含有将石头视为赏玩和收藏的意思。譬如两万年前山顶洞人遗骨旁边的各色矿物和岩石，其中赤铁矿可能就是最原始的化妆品，绿松石、玛瑙、叶蜡石和玉石就是最初的玩赏矿物。南京地区发掘的距今五六千年前新石器时代的 76 枚雨花玛瑙随葬品，有可能是一种祭祀品，有一定的原始信仰之意，也有可能是他们生前的收藏。

到了春秋战国时期，赏石文化的踪影开始出现在文献典籍之中。《山海经·山经》中正式提到各地所产的观赏石，虽然出处大多失考，但其中的珉、美石、采石、文石、硌石、怪石和磬石等名词都留下了文字依据。《尚书·禹贡》中甚至说到当时“奇石”已作为地方上贡夏朝廷的贡品之一：青州的铅松怪石、徐州的泗滨浮磬和扬州的瑶琨都在上贡之列。至今在山东青州、益都、临朐、淄博一带还能找到铅松怪石，不过是否相当于现代的青州石、博山文石或淄石，尚有待考证。徐州的泗滨浮磬也有可能是现今的灵璧石。扬州的瑶琨被认为就是现在的雨花石。

魏晋南北朝

魏晋时期被认为是玩赏美石的滥觞时期。因为五柳先生在江西庐山留有一块巨型“醉石”，程师孟有诗曰：“万仞峰前一水傍，晨光翠色助清凉。谁知片石多情甚，曾送渊明入醉乡。”这么一块巨型的“醉石”虽然不在观赏石之列，但依然可作为当时文人玩赏石头的例证。有意思的是，古人赏石从大到小：玩了“醉石”再玩室外的园林峰石，到了唐宋时期，逐渐向室内更小型的把玩石过渡，如此从山野到庭院，从厅堂到案几……这是

后话。

魏晋时代，特别是南朝时期，由于政局动荡，吏治黑暗，文人雅士不满现实却又无力抗争，于是寄情予山野，陶醉于自然，产生了像陶渊明那样的田园诗人和谢灵运那样的山水诗人。园林峰石被从山野搬进了文人、画家的后花园，为小型、微型的观赏石进“家门”打开了大门，也由于园林峰石瘦削有序，褶皱有致，不能不说是为后人欣赏太湖石、灵璧石起到了鸣锣开道的作用。

隋唐、五代

六世纪后期的隋唐时代，是中国历史上继秦汉之后又一个社会经济文化的繁荣昌盛时期，也是中国赏石文化艺术的兴旺时期。众多的文人墨客积极参与搜求、赏玩天然奇石，除以形体较大而奇特者用于造园点缀之外，又将“小而奇巧者”作为案头清供，复以诗记之，以文颂之，从而使天然奇石的欣赏更具浓厚的人文色彩。这是隋唐赏石文化的一大特色，也开创了中国赏石文化的一个新时代。

唐代经济的发达促进了文化艺术的发展，而文人雅士的最爱就是吟诗作赋、观花赏月，也少不了对石头的喜爱；而士大夫阶层更热衷于园林石的收藏和观赏，太湖石几乎成了上层社会的主流文化。以致晚唐的两任宰相牛僧孺和李德裕虽然政见不同，却都是赏石和藏石的行家。白居易称牛僧孺因“嗜石”而“争奇聘怪”，说他对家中多得数不胜数的太湖石“待之如宾友，亲之如贤哲，重之如宝玉，爱之如儿孙”。李德裕的洛阳平泉山庄中奇花异草、奇峰怪石为一大景观。牛僧孺还将太湖石分类分级，进行观赏和品评。唐代宰相李元卿也是著名的藏石家，他的藏石“罗浮山”和“海门山石”都是历史上的名石。文人的作品中更是充斥了石头的形象。白居易专门写了《太湖石记》，从形、质、姿、势、丑、怪、老、灵、气、色和纹的研究中提出自己的见解。

五代十国时期，观赏石开始从庭院“搬进”厅堂，摆上几案。南唐李后主的一方灵璧石研山被米芾画进了《研山铭》。“研山”就是可供磨墨的砚池，有实用价值却又大多备而不用，它有天然的峰峦状造型，大不盈尺，小仅拳握，是一种案头的清供。据说米芾以李后主收藏的一方灵璧石研山，换得镇江焦山甘露寺的一块“风水宝地”建成海岳庵的典故，使研石达到了“价值连城”的程度。“研山”也从此成为一个收藏的名品；正是这种小型化了的研山将园林石的观赏引向了厅堂斋室。

宋代

赏玩案几供石从宋代开始蔚然成风，并日臻成熟。这种演化使观赏石在文人和士大夫的圈内成为一种精英文化：一种与文学（诗、词、歌、赋）、绘画结缘的高雅文化。在审美标准方面，米芾最早总结出“秀、瘦、皱、透、丑”的秘诀；虽然目前的赏石“皱、透、漏、瘦”四字诀为清代画家郑板桥所“篡改”，但这一赏石圭臬仍被认为是米芾的创新标准。文人发挥自己的写作特长，为石头撰写“家谱”——石种谱录；南宋杜绾的《云林石谱》是观赏石石谱的开山之作，它使观赏石进入了文房器玩的范畴。三卷《云林石谱》收录了116种观赏石，介绍了它们的产地、特征和有关典故、轶闻，几乎囊括了当时赏玩的所有石种，第一次将矿物晶体和化石列入观赏石鉴赏范畴，其中许多论述为后世所沿袭和引用。孔传的《论石》、欧阳修的《菱溪石记》、范成大的《太湖石志》、渔阳公的《渔阳公石谱》、常懋的《宣和石谱》等，都是宋人留给我们的宝贵遗产；其中南宋赵希鹄的《洞天清录》罗列了赏玩的10种文房器玩（包括古琴、古砚、怪石、研屏、笔格、石刻和古画），将灵璧石和英石列为“怪石”，反映了赏玩的新趋向。

宋代文人雅士对观赏石的赏玩达到鼎盛时期，司马光、欧阳修、王安石、苏舜钦、米芾、苏轼、叶梦得、黄庭坚、陆游、文同、范成大和梅尧臣等，不是政界人物，就是文坛高手，不是诗人就是词家或画家，统统囊括于“赏石家”的称号之下。号称“石癫”的米芾便是首当其冲的“第一人”：他在安徽拜石，在浙江绍兴“炉柱晴烟”故地抱石而眠的典故均

相关链接

炉柱晴烟在浙江绍兴。上刻有“云骨”二字，旁边的石刻内容为：炉柱即云骨，为隋唐以来采石而成的一大奇观。高30米，最薄处不足1米，呈向上的喇叭口状，远观犹如一柱烟霭，故名“炉柱晴烟”。据说当年米芾在此抱石而眠。相传他还在柱旁厮守数日。遂被誉为“石魂”“绝胜”和“天下第一石”。

浙江绍兴的“炉柱晴烟”（安红　摄）

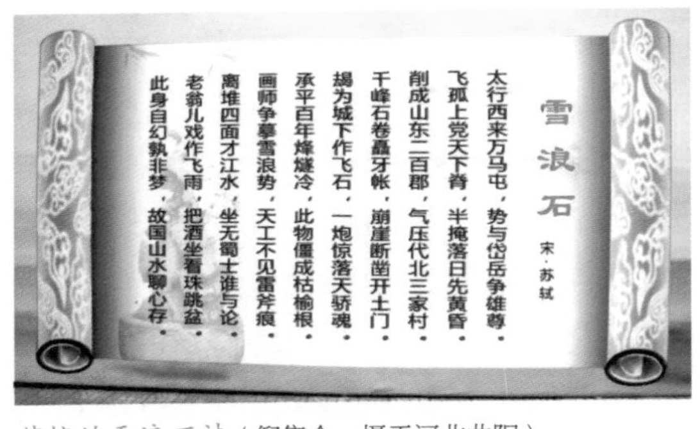

苏轼的雪浪石诗（倪集众　摄于河北曲阳）

传为石界的世代佳话。苏轼是另一个“典型”，他不仅自己喜欢收藏怪石，为后人留下了几块名石及其名诗名句，还为太湖石补充了“清、丑、顽、拙”之美的论述。他不但走到哪里就在那里留下赞颂观赏石的诗文，还在不少地方为官时命名几个新石种。更有意思的是他做的“官”大多不是“迁升之官”，而是“贬谪之官”。即便如此，他总是兴致勃勃地到处寻寻觅觅，留下许多典故。他在河北定州为官一任，就发掘出“大宋第一石”——雪浪石。

宋代赏石的另一大特点是皇家参与藏石和赏石。北宋第八位皇帝宋徽宗由收藏观赏石而发展成为“花石纲”，最后引发方腊起义，成为大宋帝国走向没落的起端。

明清时期

明清时期，观赏石已成为上层社会在庭院厅堂中不可或缺的装饰品，成为区分“雅”和“俗”的一大标志。同时，奇石堂而皇之地跻身于古董之列，在古玩市场稳居一席之地。

明末清初，特别是在康熙一朝，奇石几乎与古代瓷器乃至工艺品齐名，可见当时上流社会赏石、玩石风气之盛。当时北宋“石癫”米芾的后裔米万钟堪称藏石大家，他不仅继承了乃祖米芾的书画天才，还承袭了石癖的衣钵，他自称“石隐”，取号“石友”。他在京城的湛园、勺园和漫园三座别墅中摆满了奇峰怪石，甚至为现存颐和园、人称“败家石”的青芝岫而落得个“家道败落”的结果。明清两代留到现代的“江南三大名石”——“瑞云峰”“玉玲珑”和“绉云峰”是古人皱、透、漏、瘦审美标准的典范，也一直延续和影响着近代和现代人鉴赏观赏石的思维。这是清代赏石文化的一大特点。

古代名石之一：绉云峰（杭州）

明清两代为奇石著书立传之风更是愈吹愈烈。沈心的《价怪石录》、陈元龙的《格致镜原》、胡朴安的《奇石记》、梁九图的《谈石》、高兆的《观石录》、毛奇龄的《后现石录》、成性的《选石记》、诸九鼎的《惕庵石谱》和谷应泰的《博物要览》等数十种赏石专著或专论，把中国传统赏石文化推向了一个新的高峰。在这些论著中，明万历年间林有麟成书的《素园石谱》当首屈一指。四卷本的《素园石谱》不仅图文并茂，更是明代赏石理论与实践高度而全面的概括。书中介绍了他的“目所到即图之”“小巧足供娱玩”等奇石 112 品，在理论上提出了“石尤近于禅”“莞尔不言，一洗人间肉飞丝雨境界”，从而把赏石意境从以自然景观缩影和直观形象美为主的高度，提升到了人生哲理、内涵丰厚的哲学高度；这可以说是中国古代赏石理论的一次飞跃。

清皇室的赏石活动秉承了先朝之风，皇家和官宦依然爱石如命。清高宗在紫禁城、中南海、北海公园及颐和园中的奇峰怪石上留下了题刻的诗句。

近代和现代

从清末到民国的百年间，西方列强入侵，国内军阀割据，内外战乱频繁，处在水深火热之中的国民哪里还会有寻石、赏石的雅兴？但在一些爱国志士、专心做学问、立志科学救国的群体中，不乏以石寄情、研讨普及

地质知识的知名人士，仍有一些石谱问世，分门别类地介绍各类奇石。如陈子奋的《寿山印石小志》、冒广生的《青田石考》、王猩酋的《雨花石子记》等。

清末民初，藏石界素有“南许北张”之说，表明当时的赏石文化已经初具规模；“南许”是指上海以收藏雨花石闻名的许问石，“北张”是以收藏大理石和雨花石而名噪天津的张轮远。他们都是著名的藏石家、赏石家和奇石研究家。张氏所著的《万石斋灵岩石谱》和《万石斋大理石谱》在大江南北颇有影响。

到了民国晚期，在政界、艺术界、文学界和科学界（特别是地学界）都有不少著名和默默无闻的人士涉足奇石的收藏和研究。著名的爱国民主人士沈钧儒先生在诗中写道：“吾生尤爱石，谓是取其坚。掇拾满吾居，安然伴石眠。”本书“文化中的石头”中列举的郭沫若先生的《石颂》，赵朴初居士的《拜石赞》，都是他们对藏石的体悟和对石头的尊崇；此外，各界名人张大千、徐悲鸿、梅兰芳、老舍和王朝闻等都是藏石、研石、颂石的发烧友。

二十世纪二三十年代，近代科学之风吹醒了中华大地。早期的中国学者竭力提倡“科学救国”，将西方的科学文化介绍给国人，使中国传统石文化中渗透了科学元素。章鸿钊、丁文江、翁文灏、李四光和鲁迅，为中国石文化增添了科学色彩。1921 年出版的章鸿钊的《石雅》堪称具划时代意义的著作。书中不仅用现代地质学原理解释观赏石的成因和分类，内容翔实，例证有力，科学性强，且多方位考证了我国典籍中的相关资料，迄今仍不失为一本观赏石地质学的重要参考史料。其他科学家也在基础地质、矿物学、岩石学、古生物学、陨石学，以及与观赏石有关的其他领域作出了贡献。

但是，总体而言，清末和民国时期国力衰败，列强入侵，连年战争，生灵涂炭，民不聊生，自然不可能出现收藏和研究观赏石的高潮。

二十世纪五十年代后期，人民生活逐渐安定，民间迎来了赏石的春天。只可惜好景不常在，在“文化大革命”十年中“春天反凋残”。一时间几乎所有的文化形态统统被贬为“封、资、修”的残渣余孽，成为“没落阶级的低级趣味”。

改革开放以来，赏石文化进入了一个崭新的发展阶段。二十世纪的最后20年间，在中华民族振兴过程中，传统文化事业也进入了全面恢复和发展时期。最大最显著的变化是赏石文化由过去的少数人（皇族贵胄、达官贵人和文人雅士）的一个极狭窄的文化参与层面，发展成为广大民众——从农民到城市居民，从公务员到普通员工，从离退休人员到青年学生的全民参与的大众文化层面，人数已达数百万甚至上千万之巨。有了这股赏石文化强大的生命力的注入，为中国传统文化的传承和发展带来前所未有的发展机遇。

这种繁荣昌盛的状况既表现在赏石文化的产业发展方面，也表现在文化事业领域。30多年赏石文化的发展表明，“产业”与“事业”是文化发展既有区别又紧密联系、互相依存互相促进的一对“孪生兄弟”：有人喜欢观赏石，才有了交换和贸易，交换和贸易又促进了社团组织、报刊、网络建设、科普教育，以至国际交流的推进；反过来，有了政府部门和社会团体的有序组织和领导，才能推动宣传、教育、科研和出版等文化事业的发展，促进赏石文化市场的有序化和规范化，推进文化产业的全面提升。

总体来说，现代中国的赏石文化已经走出“精英文化”的小圈子，以其特有的雅俗共赏的特征融入大众的文化生活之中。赏石的采集、观赏、收藏和交流，促使我们走进大自然，与大自然亲密接触，既锻炼了体魄，又促进人与自然的和谐，增进人们学习自然科学和人文科学的欲望，激发探索自然奥秘的热情。

石头美感的辩证法

清代赵尔丰在《灵石记》中曰：“石体坚贞，不以柔媚悦人，孤高介节，君子也，吾将以为师；石性沉静，不随波逐流，扣之温润纯粹，良士也，吾将与为友。”这就是对石头德性的一种理解和深化；由此，德性繁衍出石头美感的辩证关系。

关于观赏石的收藏和鉴赏，已有很多石友在他们的著作中发表了很多很好的意见，这里只谈石头美感的辩证法，即鉴赏理念、鉴赏内容和怎样鉴赏三个问题。

观赏石收藏和研究者，常常出于三种情况：爱好、研究和投资。首先是“爱好”，没有爱好勿谈深化，更不会去观察、琢磨、收藏和研究。当前

石界以爱好者居多，看到一方心仪的石头，踟蹰良久而不愿离去，久久不能忘怀，觉得值得花时间去欣赏去研究，值得花钱去收藏：欣赏是一种享受，收藏是一种快乐。有了一些知识的积累，就想去问个究竟，所以研究者也不在少数，他们除了欣赏之外，探究一番观赏石的质地、成因、分类和意义，如果有些许新的发现，心里就特别舒畅，并把它作为欣赏的“成果”，愿意与石友们分享。所以“爱好”和“研究”当属文化活动的范畴，是一种以弘扬中华文化为荣、以探求观赏石科学美为己任的文化行为。至于大部分石商的投资活动，则属于经济活动的范畴；不过，这种经济活动不只是钱的交换，而是带有十分浓厚的文化意味。不信，你去石市场上走一遭，石商们的“推销词”准会让你大吃一惊，乐意伸手去掏腰包……

鉴赏理念

赏石是一门艺术，是一门伴随着人类生产、生活和发展的既古老又新颖的独特艺术。因而，它历久弥新，永不衰竭。时至今日，人们仍在追求石头美的内涵和真谛，以启迪人对美的联想和自然造化的有机结合，力求达到一种忘我的思维境界。美是一种综合艺术，也是人类的共同追求。一块好的赏石，就像一首交响音乐；它或以造型，或以色彩，或以条纹，或以自己的“旋律”打动和感染你，让你产生无限的联想并与其内在的美产生共鸣，使你爱不释手，乐而忘忧。这就是美的自然魅力。它既淳朴又自然，既抽象又具体。于是大自然那鬼斧神工的万千造化，就能以神似到形似的各种风姿吸引你、撩拨你，勾起你如梦如幻的情绪，使你流连忘返……

赏石文化是一种发现的艺术，一种心境艺术；靠人们去悉心研究，在一种平静的心境下去探讨。那清悠淡雅的雨花石、晶莹多姿的钟乳石、五彩斑斓的葡萄玛瑙、玲珑剔透的矿物晶体石，那栩栩如生的化石、寓意深邃的文字石、活灵活现的“地图”和图画，真是吞吐万象，蕴涵千秋，似亘古写宇宙之莽莽，如人生讲世事之纷繁，不禁使人生发出“一石一人生，一石一亘古”的无限感慨。那幅“掌中山河，大千世界竟相寓于一石；案上乾坤，纷繁世事犹能蕴于半子”的对联，着实道出了观赏石的文化意韵；自然界如此，人世间何其相似乃尔！

笔者在与石友们探讨赏石的理念时，深深体会到树立正确的赏石理念的重要性和必要性。

在本书开头，我们曾谈到原始的人类一来到这个世界，便对自然界形形色色的石头产生一种无以名状的好感。为什么？究其原因，盖出于对石头的一种天生的崇拜；而这种好感和崇拜又来自当时环境下石头的“万能”。不是吗？石头可以打下树上的果子，砸开坚果的硬壳；石头可以做武器，猎杀野兽；石头可以制作成刮、锥、削、砍的各式工具，石头可用来修整另一块石头；石头的洞穴可以避寒保暖；石头不仅可以取火，还能满足爱美的需求，用来祭祀先人……在人猿揖别之际，石头能有如此多的用途和功能，怎会不是“万能”呢！有了石头人就能“安居乐业”，有了石头就能制作出得心应手的工具，有了石头食物的种类丰富了，有了石头就能吃上热乎乎的熟食，有了石头人也变美了……总之，在当时人们的头脑中，石头是万能的，是人类的护身符，它会保证你有吃有用，保佑你健康长寿。这就出现了最原始的石崇拜；原始的石崇拜是原始宗教自然崇拜的一个组成部分。

到了春秋战国时期，对石的崇拜进入了哲学的范畴。诸子百家争先恐后走上争鸣的舞台，儒家、墨家、道家各抒己见；原始宗教的石崇拜被先哲们教化了。儒家主张“自然人化”和“人化自然”，给自然赋予人的感情色彩，将人返回自然给人以天性；墨家主张修身养性，对自然和人世的灵感就是“悟”；道家认为“道”是宇宙的本性，“德”是万物的特征，自然与人的关系应该以“人法地，地法天，天法道，道法自然”来演绎，因此应该“天人合一”，人要尊重自然，顺其自然，倡导“见素抱朴”，返璞归真。这些主张把刚刚形成的石文化雏形引上了一条热爱自然、和谐自然、顺从自然和保护自然的坦途。不难看出，儒家的赏石观就是发现形式之美，深挖内涵之美，儒家的“君子比德于玉”2000多年来影响深远；道墨两家的赏石观则是“悟”：从自然悟人生，以升华自身，这些主张道出了和谐赏石及保护自然的理念。

石碑为山文化增色：矗立在昆仑山口的“昆仑山口碑”（尚滔　摄）

这样的赏石理念体现在我们日常的赏

长江之源——沱沱河（麻少玉　摄）

石过程中，就是在热爱自然、保护自然思想的指导下依照自己的好恶观，既可侧重于收藏，亦可偏向于研究，还可以专事观赏石的科普宣传。再具体地说，在收藏观赏石时，可以收藏全国或某一个地区所有石种，或某一个石种（如专门收藏戈壁石，专事收集太湖石，专门收藏黄龙玉等），或某一类观赏石（如专门收藏造型石，专门收集特种石等）；在研究观赏石时，可以侧重于探讨它的自然美的成因，也可以偏向于探索观赏石的美与原岩结构、构造的关系，还可以在艺术美方面多下功夫。用一句通俗的话讲，就是“萝卜白菜，各有所爱”，在欣赏观赏石时，既不要“千篇一律”，也无须“统一求全”。因为自然界本身就是多姿多彩的，数十亿人组成的人类就是那样的多才多艺，致使我们这个世界呈现得五光十色，每个人的人生五彩缤纷。

雅石文化与山文化、水文化、土文化有着密切的联系。如果我们来到青海高原，当然要去欣赏那里的山：那里北有祁连山和阿尔金山，南有昆仑山及其支脉，可可西里山、巴颜喀拉山、阿尼玛卿山、唐古拉山一排排

青海湖畔联袂的水文化与石文化（倪集众　摄）

牦牛是世界上生活在海拔最高处的哺乳动物，牦牛耐粗，耐劳，善走陡坡险路、雪山沼泽，能游水渡河。这块牦牛石来自黄河截流时的河底，它将永远与青海湖相伴！

湖畔石刻上写着：“青青湖波润草原 / 历历山色起云烟 / 夏日百花忙织锦 / 秋来万蜂酿蜜甜 / 绿茵黄花两相照 / 鱼跃鸟翔几重天 / 我在景中觅诗意 / 一任此身入梦幻。”

地“排”过去，将整个高原抬到了 2500~4500 米的海拔。那里还可以赏水：两山之间是盆地和河流，涓涓河水汇集成浩浩荡荡的大江大河，使南部地区成为“江河之源”，长江、黄河和澜沧江就发源于此。我国最大的咸水湖青海湖，湖面宽广，烟波浩渺。正是在湖畔，我们看到了一幅山、石、水相映联袂的画卷。

笔者在参观了几次石展和不少石友的个人收藏后，得到一种启发：任何艺术都是相通的，观赏石也不例外。在展览会上看到，一枚让人眼前一闪的观赏石，如果有了恰如其分的底座的衬托，或者有一副条幅、一尊盆景、一幅山水画的陪衬，那就不只是“一闪”，而是“一震”——心灵的震撼了！

在一次石展上，看到一方“诗石配”的创作，作品虽然没有放在醒目的位置，似乎也没有吸引很多的目光，但这是一种创意，值得提倡；人们常说的“艺术无界限，艺术无止境”，可能就包含有这一层含义吧。

“孤台清江水”盆景：系由龟纹石制作而成；150 厘米 ×80 厘米（符灿章　藏）

纵观中国 2000 多年的赏石观，在儒、释、道思想的主导下，无论是鉴赏者的人员组成还是指导思想，总的趋势是儒家占优势。在改革开放的今天，我们在继承和发扬中国传统文化的基础上，要打造一种创新型的赏石文化，努力传扬一种新的赏石理念，这就是中国观赏石协会提倡的“一方石头和谐一个家庭，一方石头汇聚一批朋友，一方石头造福一方百姓，一方石头传承一种文化，一方石头弘扬一种精神”。

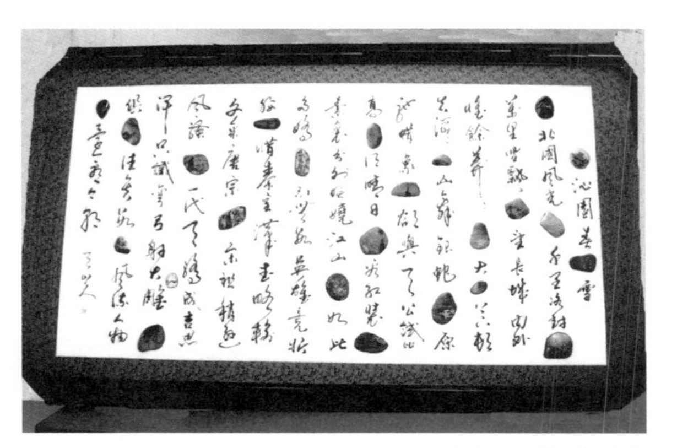

“诗石配”的创作

鉴赏标准

中国传统赏石文化在鉴赏奇石时，强调的是“皱、透、漏、瘦”，然后归结到一个“丑”字。“皱”是指石肤上的纹理，石肤表面波浪起伏，变化有致，甚或有褶有曲者为最佳；“透”的要求是空灵剔透，玲珑可人；“漏”是指在石体表面起伏的曲线中，凹凸起伏，洞中有孔，孔中有洞，洞洞相连，孔孔相依；“瘦”要求石体清瘦苗条，骨架坚实又婀娜多姿；“丑”是应了米芾那句“丑到极致便是美”的至理名言。

这样的鉴赏四字诀在中国代代相传了数百年。随着时代的发展和科学的昌明，赏石者队伍和赏石对象的扩大，以及人的世界观与审美观的转变，标准也是要变化的，“律条”迟早也是要被修改的。

首先是赏石者队伍的扩大。在整个清朝之前的封建时代，赏石者的队伍以帝王将相和士大夫阶级为主体，在“四海无闲田，农夫犹饿死”的时代，劳动阶级哪会有闲情逸致参与赏石活动呢。参与人群的变化，必然引起赏石观念和标准的变化，这是赏石标准变化的最根本原因。

其次是观赏对象的扩充。中国传统的观赏石长期以来被称为“奇石”，这对当时的情况来说，应该说定位是准确的。因为从传统的“四大名石”——太湖石、灵璧石、昆石和英石来看，都属于岩石类观赏石，而且除了昆石，其余三种都是以碳酸盐类矿物为主要成分的岩石，是沉积岩中的一种化学岩——石灰岩。这种相对柔性的岩石在受到构造挤压时，不容易破裂而易形成褶皱，加上它们的主要矿物（方解石和白云石）遇到酸性水就容易被溶解，岩石上容易留下空洞，最终自然会产生强烈而明显“皱、透、漏、瘦”的效果。而现代观念的观赏石已经不仅仅是“岩石类”的石头了，即使是岩石类也增加了包括化石和陨石在内的许多其他岩类；鉴赏的内涵也从外形美扩充到科学美和艺术美，内涵愈趋深入。

最后，人的审美观也是会改变的。在一次考察雕刻文物现场，笔者曾请一位文物专家介绍一下唐宋两代对“美”与“丑”的好恶。他简单明了地告诉我：唐代以胖为美，宋人视瘦为美。其实，这种美丑好恶即使在现代，不同的地方、不同的人群都是会有差异的。何况随着时代的发展，人的审美观、好恶观都会随着世界观、人生观的变化而发生变化。

目前中国赏石界正在倡导一种新的赏石观，提倡从观赏石的天然性、科学性和艺术性的角度，从形、质、色、纹、韵的角度观察和欣赏观赏石；

表明现代人既欣赏石天成之外形，也更加侧重于赞赏石之瑰丽的科学艺术内涵。

鉴赏的基本要素和辅助要素

各类观赏石怎样欣赏？既有共同的地方，也有不同之处。

共同之处首先表现在鉴赏目的要求上：审视天然之美，体会意境，理解其科学内涵，增强保护生态环境的意识。

鉴赏包含鉴定和欣赏两个阶段。鉴定阶段要确认观赏石的“真”与“假”。这要求观赏者必须具备一定的矿物学、岩石学、古生物学和陨石学知识，了解石头的属性（属于矿物还是岩石，哪一种矿物，何种岩石）及其可能的成因，以免被人工刻画、涂抹或粘贴所忽悠；再看它们的石质、石肤（也称石皮）、颜色的搭配、造型与图纹的和谐与否。

欣赏阶段对不同类型的观赏石有各自的要求。譬如对岩石类观赏石的造型石要突出其石质和石肤，以及造型的协调程度；图纹石强调图纹的层次、颜色的搭配；矿物晶体石要看晶体是否完整，是否属于稀缺或罕见的矿物，有否双晶、歪晶和连晶，以及与其他矿物的共生组合状况。化石的欣赏应该在专业人士的科学鉴定之后，看是否为新的种属，是否有古生物学、地层学和地质学的意义，然后从观赏石的要求仔细观察化石的完整性、组合和共生、生物体与围岩的色差和关系，以及石化、黄铁矿化、硅化、钙化、玉化的程度和范围。陨石比较特殊，如果不是亲眼所见陨落者，就要动用科学仪器做必要的鉴定。因为陨石常常会与地球上的岩石混淆；未经仪器设备，专家也会有看走眼的时候。

观赏石的鉴赏内容分为基本要素和辅助要素。基本要素包括形象、质地、石色、纹理和意蕴。辅助要素包括命名、配诗、配座韵意和传承。

不同的石种对基本要素的体现是不同的，鉴赏时决不可“一视同仁”。不妨将这个阶段称为鉴赏的“科学阶段”。“形象”对造型石的要求最为严格，不但要求整体的造型特征，还要求外形神态逼真，清晰明亮，线条自然流畅，态势气韵相通，风格协调。对图纹石则要求图像清晰，纹理有致，色泽丰富而层次分明。两大类观赏石的“质地”和“意蕴”的要求都比较高，形象“似像非像”者，则是可望而不可求的。对矿物晶体石和化石来说，除了晶形、晶体大小、结晶形态和矿物共生组合外，还要研究它们的珍稀性，如果是少见或罕见的珍稀矿物或化石，不仅有观赏价值，而且有

惟妙惟肖的“唐老鸭”，观赏石尺寸：16 厘米 ×75 厘米 ×13 厘米（贾建华　藏）

重要的科学意义，必要时需请专家先予以鉴定。应该特别指出的是，我国赏石界对陨石的鉴赏尚未提到“议事日程”上来，这主要是由于陨石相对比较少见，我国的赏石家队伍尚缺乏有关陨石学和天体化学的专业知识。

相对而言，鉴赏的辅助要素对所有的观赏石石种可以“一视同仁”。不妨把这一阶段称为鉴赏的“艺术阶段”。它要求观赏者通过创造性思维，依据自己的艺术鉴赏力和文化素养，给观赏石以题名、配诗和配座。此外，还可以配一首韵味无穷的诗，或写下一段文字，留下赏石心得、得石巧遇或藏石乐趣，既是一种劳动，也有着无穷的兴味。

笔者案头有一本谢礼波先生所著的《咏石诗词五百首》，读来颇有兴味。选出诗、词和对联各一首，与读者共赏。谢先生为一方惟妙惟肖的“唐老鸭”写道：“开心唐老鸭，老少喜欢它。智慧从兹启，笑声由此发。”一方状似骆驼的风砺石，在他的笔下吟出了一曲如梦令：“鄯善、于阗、疏勒，路远、沙深、天热。此去路迢迢，今晚暂歇且末。开拓，开拓，骆驼大功难

“骆驼”，观赏石尺寸：25 厘米 ×3 厘米 ×16 厘米（阎天俊　藏）

迷人“韵律”，观赏石尺寸：14 厘米 ×10 厘米 ×8 厘米（谢礼波　藏）

没。”他还为珍藏的一方“韵律”作了一副对联：“黑底彰白纹，三条曲线曲曲弯弯，内涵至富；小石蕴大道，万古幽烟幽幽隐隐，哲理何深。”道出了作者不懈的探究精神。

最后讲一下观赏石的“组石”。组石即是将两块或多块同种或不同种观赏石（大多是造型石、图纹石或化石）组合在一起，构成一种新的意境，表达一层新的意思。组石是一个再创作过程，能给人以另外一种美的享受和深层次的思考。

悦目与赏心

可以设想，在现代快节奏的社会中，如果有一种能放松一下精神，增添乐趣、减轻压力的业余生活，那真是求之不得的大好事。而对于老年人来说，钓鱼、爱草、养花、赏石和收藏，各有所好，花的时间不多，却有无穷的兴味。

就赏石而言，多参加一些力所能及的体力活动和适当的脑力劳动，对身体无疑是大有裨益的。通过觅石、鉴石、赏石、藏石和展览、交流，又有一个采集、整理、题名、配座、养护，甚或摄影、交流的过程，活动了四肢，激活了大脑神经，游山交友，亲近自然，真是一举多得。这也就说明一个道理：无论哪一种级别的石展、论坛总是男女老幼宾朋满座，各行各业各抒己见，甚至一家子扶老携幼来参加活动。赏石真不愧是一项雅俗共赏、老少咸宜的文化艺术活动，一项具有广泛群众性基础的寓学于游、寓学于乐、增进体脑健康的科普活动。可以说，赏石虽不一定是首选的业余活动，但确实是一项饶有兴味的不错的选择。

据张训彩先生分析，玩赏观赏石的过程中，人的心理状态发生了下列变化：

第一，有助于心态的平衡。赏玩观赏石犹如进入世外桃源，无形中使人的精神松弛，怡然自得，享受一种凡人的心态；长此以往便会平和淡泊地看待社会上的人和事：想得开，放得下，看得远，万事超脱，心态平衡。平衡的心态下，人就会心情舒畅，没有压力，从而在不知不觉中延年益寿。

第二，增进乐观情绪。乐观是人的精神支柱，是人这架“机器”的润滑剂。赏石对人起到了返璞归真、返老还童的作用，使人的思想和情绪离开喧嚣的环境，忘却不值得记忆的往事和烦恼，投入到清幽而神秘的境界。所谓“以石为乐，乐在其中，其乐无穷”是也。

第三，有益于身心协调。在市场经济条件下，在激烈的社会竞争中，生活的节奏渐趋紧张，个人的身心负担愈来愈重，而且“身”与“心”往往不能同步。现代生活中，不良生活方式和不良心理活动已经危害到人的身体健康；玩石养生则有益于身心协调，同步发展，已成为现代人追求的新时尚。

第四，参与赏石活动还有利于人格的健康和完善：人格的魅力是无穷的。一个举止文雅、诚实、善良的人，同时也会是一个活跃而富有创造力的人，他会善于团结大多数人一起完成一份共同的事业。人们常说：国有国格，人有人格，画有画格，石有石格。石者通灵性，解人意：沉静淡泊，不哗众取宠；浑朴刚正，不柔媚悦人；表里如一，不弄虚作假；坚贞永恒，不动摇变节；乐于助人，不吝惜自己。故有“悟石性，崇石德，拜石师”之说。

因此，以观赏石为师友，可以汲取为人处世的养料，陶冶性情，磨炼性格；从石中引发创作的灵感，开拓创造性的思维。赏石过程中，能从观赏石独特的造型和妙音佳色之中获得空间艺术美的感知与共鸣，于心灵深处有所顿悟，进而影响人的世界观和道德观。

古人云：“赏石者乃以禅心入道。”明代林有麟曰：“法书、名画、金石、鼎彝，皆足以令人脱俗，而石尤近于禅。”所谓“石中有机锋，拳石可纳五岳”。五岳一拳，一拳石玩，禅意释石，石示禅意。赏玩观赏石且能有所悟的人，往往对“贵形而贱神”“贵眼而贱心”的观点不以为然，他们重视的是心灵的感受，以“明心见性”为宗，以“澄心养德”为旨，提升自身的人生境界。

有人一定会问：赏石真的会有这么强大的“心理攻势”吗？

日本永平寺熊泽禅师说石德有“五训”：奇形怪状，无言而能言，石也；沉着而有灵气，埋土而成大地之骨干，石也；雨打风吹耐寒，坚固不移者，石也；质坚，而能完成大厦高楼之基础者，石也；默默伫立山中和庭园，增添生活情趣，能抚慰人心者，石也。

这些对赏石过程心理活动及其效果的分析，很值得我们体验、领会和思考。不信，不妨一试。让我们一起走进石文化这一精深博大的“赏石园”，与石为伍，与人为伍，有兴趣的话再开个“博客”，那地球上所有的石头就为你所拥有，世界上数十亿网友就会来到你的身旁，你的视域不仅仅看到摆在面前的几块石头，而是既能洞悉显微镜下的微妙世界，又能看到几亿年以至几十亿年前的蛮荒地球；既能让你走出狭小的个人空间，走进自然，健全体魄，又能使你与无数的石友得以交流，增进友谊，获得闲情逸趣，共同创造更加美好的明天。

人是社会的主体，只有心灵美、行为美的人才能创造美的生活，才能净化社会风气。人的心灵、情感、意识、精神受着自然环境与社会存在的影响。观赏石既具自然美的属性和社会美的特征，它就能美化自然和社会环境，就能陶冶人的情操，纯洁人的心灵。

人见人爱的宝石文化

从矿物学和岩石学的角度看，上面说的玉石和观赏石中的造型石与图纹石，绝大多数是岩石，而我们现在要讲的宝石则绝大多数属于矿物。这是观赏石、玉石和宝石三大类雅石的最大区别。要说次要的区别，则宝石和玉石一样，绝大多数需要经过加工才能成为熠熠生辉的宝石或玉雕。而无论是观赏石中的造型石、图纹石，还是矿物晶体石，都不能施以加工，观赏就是观赏，观赏的是原始形态。

通俗地说，宝石是指经过加工后能成为装饰品的矿物，主要是指以钻石、红宝石、蓝宝石为代表的矿物。它的种类很多，但必须具备下列三种情况之一：要么颜色鲜艳，晶莹剔透，光彩夺目（如红宝石、蓝宝石、橄榄石和石榴石）；要么质地坚硬，晶形完美（如尖晶石、电气石、水晶和蛋白石等）；要么自然界很少见，而又有一定的经济价值（以金刚石为代表）。

其实不管哪一类宝石，它们的化学成分都不是很复杂，它们的矿物一般也不是很罕见。例如红宝石与蓝宝石的成分就是 Al_2O_3，矿物名为刚玉；橄榄石在岩石中也不罕见，它们是含 SiO_2 甚少的基性—超基性岩石中的“常客”。作为“宝石之冠”的金刚石的成分也很简单：它的成分是碳（C），从本质上说，与木炭、石墨的成分毫无二致，只是由于它的形成条

件太过苛刻，在自然界十分难得罢了。

上面说过，中国人对玉石情有独钟，而从观赏和喜爱的角度说，宝石当属欧美人士的“最爱”。这是什么原因？笔者没有做过探讨，是否与对矿物和岩石认识的时间有关，尚不得而知。因为人类比较早就接触到一般的石头（岩石），而较晚才开始研究晶体完好的矿物晶体；欧洲文艺复兴之后人们才开始研究矿物晶体。当然，这只是一种猜测而已。因为我国古代也不是对宝石“一无所知”“一无所爱”。李白的诗就称赞过琥珀：“兰陵美酒郁金香，玉碗盛来琥珀光。”韦应物也有诗赞赏过琥珀，他说琥珀是“曾为老茯苓，本来寒松液。蚊蚋落其中，千年犹可觌”。我国民间自古以来就信奉琥珀是吉祥之物，常常将琥珀做成的佩件，或佩带于身，或系于床头、墙上，以为儿童辟邪、驱魔、消灾，为成年人“安五脏，定魂魄，去鬼邪”。据说欧洲人在石器时代就认为琥珀是生命的小精灵，对它怀有一种敬畏和虔诚的心理。特别是波罗的海地区的居民，对琥珀的喜爱和敬畏无异于中国人之于玉石的程度。

宝石文化的传承

从矿物本身来说，其实宝石并不稀奇，它们之所以成为“宝石”是由于有了文化的内涵。一是人们从文化的观点，以观赏的眼光，挖掘宝石所具的色彩艳丽、质地缜密和“难得一见”的特点，再经过琢磨、雕刻，让它们显出温润光洁的本色。二是系统地研究宝石的成因、发现历史和开采历史，以及它们在人类文化交流和艺术史上的作用，建立一门宝石学，提高琢磨工艺技术，赋予一块块冰冷的矿物以艺术生命。

红宝石、蓝宝石、祖母绿、橄榄石、黄玉、孔雀石和澳宝，以自己光彩夺目的颜色赢得人们的喜爱，钻石、水晶和碧玺，则以其晶莹剔透博得人类的欢心。自然界的美激发了人们爱美之心的天性，在长期的鉴赏过程中，挖掘出它们浓浓的文化和美学内涵。

石头与“国石”

大家知道，一个国家的国旗、国徽和国歌有着政治上的象征作用，随着政体或执政党的改变，这些象征当然也会发生变化；但是，作为一个国家以自然界赐予的特产而引以为自豪，并代表一个国家、一个民族的精神与信仰的“国石”“国树”“国花”和“国鸟”，常常不会随着政体的更迭而变化。换句话说，这些“国”字号的石头、植物或动物的历史寿命比政体的象征性要强烈得多，长久得多。人们感谢大自然赋予的“国家财富”和民族文化、民族品格塑造的“民族精神”，欲通过这些精神的象征物达到与大自然对话的目的，随时提醒它的“子民”热爱自然，保护自然，热爱民族，热爱国家。这就是各国提倡敬仰“国石”“国树”“国花”和“国鸟”的初衷。

下面是笔者从网络上查到的一些国家的国石。

钻石：英国，南非，荷兰，纳米比亚

红宝石：缅甸

蓝宝石：希腊，美国

金绿宝石：葡萄牙

祖母绿：哥伦比亚，秘鲁，西班牙

绿松石：土耳其

青金石：玻利维亚，阿富汗，智利

欧泊：澳大利亚，匈牙利，捷克

黑曜石：墨西哥

橄榄石：埃及

水晶：瑞士，瑞典，乌拉圭，日本

孔雀石：马达加斯加

猫眼石：斯里兰卡，葡萄牙

白宝石：奥地利

翡翠：新西兰

琥珀：罗马尼亚，德国

珊瑚：摩洛哥，阿尔及利亚，意大利

珍珠：法国，印度，菲律宾，沙特阿拉伯

上面 18 组“国石”涵盖了 38 个国家从已知 5000 多种矿物中选出的矿物和宝玉石。

一般来说，选择作为国石的条件要么是这个国家最为丰产的宝石，要么是这种矿物有较高的经济价值，或者有深厚的文化内涵，以及国民对某种宝石文化内涵的认可和喜爱程度。这里挑选几个例子加以说明。

第一个例子，请先看看一粒小巧玲珑的钻石戒指，或者一串闪闪发亮的红宝石挂珠，蕴含着多少文化的魅力。

红宝石：有着艳红的颜色、耀眼的光泽、散发着温暖亲切闪光的戒指或项链，透射出诱人的光芒和高贵的品位。

蓝宝石：这晶莹剔透、色泽高雅，被古人蒙上神秘而超自然力量的“蓝精灵”，一直被视为吉祥之物、聪明之石；在人们的心里蓝宝石是慈爱、爱情、诚实、智慧和高尚的象征。

绿松石：颜色松绿、形似松球的绿松石，象征着进取、成功、胜利和荣耀。

橄榄石：它那耀眼的绿色和强烈的玻璃光泽，正说明古老的埃及人要尊崇和学习它从炽热的岩浆里磨难而出的精神和决心；它是埃及当之无愧的国石。

翡翠：代表着万物生机勃勃和青春活力的翡翠，象征着幸运和繁荣。

珊瑚：硬度远不如与之相同成分石灰岩的珊瑚，却是一件完美的“天然工艺品”；它是勇敢之石，被誉为能提高人们情绪的热情使者。

珍珠：虽然只是贝类分泌物与内壳层物质形成的异物包裹物，但它那柔和的光泽和洁净的圆珠，足以象征着人类的健康、美丽和长寿。

第二个例子是为什么有 4 个国家争相以钻石为国石？

从钻石的文化性说，金刚石是纯洁无瑕、坚强忠贞性格的象征，它为世人所器重，将其选为“国石”似乎理由是十分充足的。但是，为什么南非、纳米比亚、英国与荷兰都争着选它作为自己的“国石”呢？

几个国家争相以晶形多姿而颜色多彩的金刚石作为自己国家的“国石”

从自然界出产的情况看，南非和纳米比亚选择钻石为国石，应该说是天经地义的，因为它们有非常丰富的加工钻石的资源——金刚石。南非所产的金刚石占全球的 12％，那里既是开采金刚石的发源地，开采技术和矿石质量亦不愧为

相关链接

基性－超基性岩是指含 SiO_2 分别为45%~52%和低于45%的岩浆岩；铬矿、金刚石和铂族元素矿床都与之有关。金刚石就产于超基性岩的火山颈中隐爆的一种角砾云母橄榄岩中；“隐爆”是指火山欲喷发而未能喷出时，在深处爆炸的状态。又因为角砾云母橄榄岩最先发现于金伯利城，所以这种产出金刚石的岩石，有了一个别名“金伯利岩”。

“钻石王国”之称。

英国与荷兰选其作为“国石”则纯粹出于精神因素：英国作为南非的殖民地“君子国”，它的德比尔斯公司控制着世界85％的钻石市场，而且还是研究宝石的学科——“宝石学”的发源地；英国宝石协会认定的宝石鉴定师证书乃是全球宝石界通行无阻的“身份证”。这些高文化的含量使英国选它作为国石，似乎也就“名正言顺”了。荷兰人引以为自豪的是阿姆斯特丹的工匠首次成功地征服了坚硬无比的金刚石，让它在世人面前迸射出蕴藏了亿万年的“火”。从文化角度而言，高强硬度和灿烂光芒，象征着攻无不克、坚无不摧的力量，代表着稳固、力量与财富的金刚石，正“适合”当年英、荷殖民主义者称霸世界的野心和追求扩张、掠夺的海盗心理。

第三个例子是日本选择的国石——紫晶。

在古希腊，紫晶有一个美丽的神话传说：酒神巴斯科欲非礼森林女神黛安娜的侍女，森林女神立即将其变成一座洁白的石雕，酒神无奈之下将葡萄酒洒在石像上，雕像立刻变成了紫水晶。

美丽的紫晶（胡国忠　藏）

紫晶主要产于巴西、乌拉圭和俄罗斯；日本偶有出产，但是紫晶的平和、文静与吉祥的文化蕴涵不知醉倒了多少日本人，他们认为只

有紫晶才能体现其民族精神，因此选择紫晶为“国石”。

第四个例子是墨西哥的国石——黑曜石。

美墨边境墨西哥迪瓜纳镇大街上的黑曜岩雕刻（倪集众 摄）

黑曜石是墨西哥的丰产矿物，墨西哥人自古以来就喜爱它：那里的玛雅神殿常以它作神兽或雕像的眼睛，或者制作成武器、工具、面具和镜子。墨西哥人的门口摆上一颗黑曜石，就像请来了一尊门神，以保佑全家太平、安康。

最后，诸位也许会问：中国的国石是什么？中国目前还没有确定国石。但是可以告诉大家，如果中国要评选国石，非“玉”莫属！数千年对玉的崇尚，“玉”已经深深地渗透进中国人的艺术审美、人格修养、政治礼制、民俗和宗教的诸多方面，且不论神州大地出产玉的范围之广，也不说中国人雕刻玉石的技艺之高超，品质之精湛，单从中华民族把玉升华为一种具有极高层次的民族文化和民族精神这个角度而言，相信百分之八九十的人会举双手赞成的。至于选择哪一种玉？窃以为应该从历史、玉、质、产量、储量，以及人们的接受能力诸方面全面考虑为上，迟早会认定的。

宝石与民俗文化

宝石对于一个国家有“国石”级的意义，对于每个人来说也有一种类似的含义，因为宝石文化已经深深地渗透、融入了民俗文化、婚俗文化和丧葬文化之中。

人们认为宝石蕴藏着人生命运和理想的玄机，预示着不同月份出生者的智慧和力量。有一天，这种智慧和力量突然迸发而出，激发了美国宝石商公会领导层的神经，他们于 1912 年发表了一份《公告》，申明为了普及宝石知识，扩大宝石销路，他们重新规范了民间的诞生石。此后，各国争相仿效，规定一两种宝石作为一年中某个月的“诞生石”。于是“诞生石”“生日石”“生辰石”和“诞辰石”这些基本雷同的名称应运而生了。

美国的诞生石是这样的：

一月：石榴石。预示孩子长大后将是智慧的使者，富有创造力，能成为一流的社会活动家；石榴石还是友爱、贞洁与忠诚的象征。

二月：紫水晶。相传这个石英族的矿物不仅有着超然的感应力，还会给出生者带来好运，永保平安；紫晶是诚实的象征。

三月：海蓝宝石。象征着这个性格沉着的孩子将是一个自信的勇者，具有不服输、积极负责和豁达精神，如果再能有几分耐心，他将“所向无敌”。

四月：钻石。象征着坚韧和永恒，是纯洁的代表。

五月：祖母绿。象征着幸福的祖母绿预示五月出生的婴儿将是一个深情的精灵，每天能以充沛的精力自如地应对繁杂的工作。

六月：珍珠或翠绿宝石。珍珠在迷人的光泽中蕴涵着彩色，与具多变颜色的翠绿宝石一样，都暗示孩子长大后将是一位温情的卫士，富有爱心，健朗而敏感；珍珠也是健康的象征，它将保佑孩子健康、幸福地度过一生。

七月：红宝石。象征着爱情的红宝石预示，这个月份出生的孩子将拥有敏锐的观察力和强烈的领袖魅力。

八月：橄榄石。翠绿色的橄榄石是完美的化身，预示孩子能自如地应对复杂的环境。也有以象征和合的玛瑙为这个月的诞生石。

九月：蓝宝石。象征着慈爱；九月出生的孩子个性温和而浪漫，有强烈的协作精神，能与人友好相处。

十月：蛋白石（或碧玺）。象征着安乐。这个月出生的孩子长大后将很自信、热情而温柔，是个不记仇的好朋友。

十一月：黄水晶（或黄玉、黄晶）。孩子长大后将是一个正直、健谈、充满活力的勇敢战士，象征着人生的希望所在。

十二月：绿松石。象征着成功，预示孩子的一生将财运亨通。

英国、澳大利亚、日本与加拿大等诸多国家的生日石与上述大同小异。中国也有人推荐了一份诞生石“预选名单”，也只有个别的变动。可以说，所谓“诞生石”只不过是人们的一种愿望，一种文化意识上的寄托。

中国民间的十二生肖是按天干地支、以“年”为单位确定的，而不像西方人那样按月选定诞生石。但是，中国人同样喜欢用玉、翡翠、水晶、

玛瑙、鸡血石、青田石，以及黑曜石等制作的佩件，挂在孩子的脖子上，取吉祥、如意、一生平安之意。从这个角度讲，东西方的文化找到了相互沟通的交汇点。

与诞生石类似，西方人也喜欢把宝石制成护身符。譬如黄玉的护身符就有消灾辟邪之意；海蓝宝石的护身符能使人有先见之明；佩戴紫晶能使人时来运转，财运亨通。

在西方人的眼里，珠宝的颜色与人的性格有着一种神秘的关系：红色表示热情、健康、活力和希望；黄色示温和、光明、快乐的性格；绿色是青春、和平与朝气的象征；蓝色代表秀丽、清新和宁静；紫色象征高贵、典雅和华丽；白色是纯洁、神圣和清爽的代表；金色是光荣、华贵和辉煌的代言人；橙色代表兴奋、喜悦、活泼和华美；青色表示希望、坚强和庄重；黑色暗喻庄严和神秘。

无论在东方还是西方，许多国家都有这样的习俗：说某个人喜欢哪一种颜色的珠宝，或者要送给某个人一件礼物，上面的“相应关系”是考虑的基础；反过来，看这个人喜欢什么颜色的珠宝，可以“推测”这个人有什么样的性格。

宝石常被西方人用来代表结婚纪念日的象征：结婚 15 年为“水晶婚”，16 年为“黄水晶婚”，17 年为“紫晶婚”，18 年为“石榴石婚”，20 年为“瓷婚”，25 年为“银婚”，35 年为“珊瑚婚”，40 年为“红宝石婚”，45 年为“蓝宝石婚”，50 年为“金婚”，55 年为“翡翠婚”，60 年为“钻石婚”。在这些结婚的纪念日，双方要互送相应的宝石作为纪念。

有趣的是，这样的习俗在现代的中国也与过情人节、圣诞节等“洋节”一样，日渐被人们所接受。这表明向往美好、追求幸福是人类共同的愿望。古人云：“人生得一知己足矣！”一对夫妇的婚姻能够顺利地维持 60 年，也确实是人生的一大乐事。

宝石在民俗文化中还有其独特的意义，而镶嵌着各种宝玉石的戒指就有着浓厚的民俗意义。

戒指是民俗文化中与宝石关系最密切的风俗。据说戒指是原始社会末期抢婚习俗的遗风：抢到姑娘后捆绑绳子或链条以防其逃跑。随着时间的流逝和文明的进步，金银首饰与宝石、玉制的戒指、项链、手镯成了象征性的“绳子”和“链条”，成了拴住姑娘的“心”的象征。

现代人的审美概念当然与古代有很大的差别，摈弃了那种“堆金叠银”的做法；中国人对梳妆打扮也有自己的一套讲究。正如郭沫若在《昭君出塞》中所说的：“淡淡妆，天然样，就是这样一个汉家姑娘。”那种适度与和谐，保持人的天然本色。现代人对首饰的要求也不只限于装饰功能，还希望有保值功能、实用功能与保健功能，这应该说是文明发展的结果。玉石和珠宝原来比较单一的文化内涵得到了延拓和扩大，也是石文化意识进步的一种表现。

中国人似乎到了明清时代才在玉石陪葬品的名单中添加了宝石。除了上文提到的慈禧太后的陪葬品，明十三陵出土的万历帝皇后的点翠珍珠凤冠，就是用 5000 多颗珍珠、玛瑙、珊瑚、金、银、玉、翡翠、红宝石和蓝宝石所缀成。

最后介绍一下在我国古老而普及面甚广的有机宝石——琥珀和蜜蜡。

琥珀在我国古代称为“瑿”或“遗玉”；由于传说它是“老虎的魂魄”而得名“虎魄”，谐音遂转为“琥珀”二字。琥珀多呈饼状、肾状、瘤状、拉长的水滴状，或者各种不规则形状。这种碳氢化合物的非晶质体颜色多呈黄色、橙黄色、棕色、褐黄色或暗红色；罕见有浅绿色、黄色和淡紫色的品种。世界不少国家都有琥珀产出，其中以缅甸、波罗的海地区和多米尼加的琥珀最为著名。我国辽宁抚顺的琥珀质地坚韧、色泽艳丽、品种多样，是世界重要的琥珀产地之一，也是我国昆虫琥珀的唯一产地。此外，河南、广西、贵州、云南和浙江等省区的煤矿中也有产出。

华夏子孙自古以来对琥珀就情有独钟，对其分类、品质、加工、收藏和药理性质也颇有研究。例如，根据琥珀的颜色和特征，将其细分为金珀、血珀、虫珀、香珀、石珀、花珀、水珀、明珀、蜡珀，以及血蜜蜡和红松脂等；以上分类虽然没有明确的定义，但也有一定的实用价值。在对琥珀的性能和功用的了解与研究的基础上，开拓了琥珀在中医中药上的广泛应用。

在传统上，许多人将在感官上不透明，或者不含有昆虫之类小动物等遗体化石的琥珀称之为“蜜蜡”；还有人又从中分出“新蜜蜡”和“老蜜蜡”。其实，所谓“新”“老”蜜蜡都是几千万至上亿年树脂的“化石”，都具有欣赏价值、科学价值和收藏价值，都有增值保值的功能。如果真要说有点差异的话，那也只是它们在存放时间上的不同：老蜜蜡由于时间相对

相关链接

琥珀的性质：油脂光泽，透明至半透明。折光率为 1.539 ~ 1.545，无多色性。硬度 2 ~ 3，密度 1.1 ~ 1.16 g/cm^3。性脆，无解理，具贝壳状断口。加热到 150℃即会软化，至 250 ~ 300℃时呈熔融状，散发出芳香的松香气味；溶于酒精；常含有昆虫、种子和其他包裹体。琥珀多产于煤层中。

化学成分中含有琥珀酸和琥珀树脂：$C_{10}H_{16}O$；其中碳 79%，氢 10.5%，氧 10.5%，时含少量的硫化氢。

行业内常常还有“二代蜜蜡”之说。实际上那就是“再生蜜蜡”，即用蜜蜡粉压制而成的“蜜蜡”。其典型特点是具有“发丝”；这些发丝非常规则，犹如快速流动造成的内部纹路。真正的蜜蜡即使有纹路也是不规则的，且呈现自然形成的缓慢流动的云雾似的美丽絮状纹。

比较久远，颜色变深了，出现了包浆和皮壳，甚至表面出现开片、冰裂和风化纹，或者表现出由于不同工艺过程而致的岁月“印痕”。

官场宝石文化

“笏”（音 hù）和“如意”是中国古代官场上最具官衔等级、皇廷礼仪和办公用品的石文化物器。“笏”又称手板、玉板、朝笏或朝板，分别用玉、象牙或竹片制成。古时候文武大臣上朝拜见君王时，双手执“笏”以记录君命或旨意，以将要上奏君王的话事先记在笏板上，以防止遗忘，亦可以此低望笏板而不敢直视君王，以示对天子的敬意。笏板在中国古代也是地位的象征：不同朝代有不同级别官员手执不同材质和不同数量笏的规定。最早出现笏的年代应在春秋以前，史学家认为在商朝就可能开始使用了，是古代中国官员使用时间最长的一种办公用品。到了清朝，因习俗和礼节的不同，笏板从此废弃不用了。

“如意”一词源自印度梵语“阿娜律”。我国古代有“搔杖”（如今叫“痒痒挠”），又有记事用的“笏”，如意则兼二者之用。中国最早的如意实际上只是起到“搔之可如意”的作用。如意多用竹、骨、铜、玉

相关链接

清代将产自我国黑龙江、乌苏里江、鸭绿江及其流域的珍珠称为“东珠”（或称“北珠”），以资与南方的“南珠”相区别。

东珠硕大，质地圆润，白色和乳白色为主，色泽晶莹透彻，得之不易，弥足珍贵。清代将其视为珍宝，多用其镶嵌在表示权力和尊荣的冠服饰物上。如清代皇后、皇太后的冬朝冠上，饰有包括东珠在内约300颗各类珍珠，冠顶有13颗东珠和51颗其他类珍珠。耳饰和朝珠上也镶有东珠，以示“身份”和“权威”。

不过珠宝界专家认为，东珠并非是最好的珍珠品种，并有“西珠不如东珠，东珠不如南珠”之说。

砗磲是一种生活在热带海底的软体动物，主要产出于印度洋和太平洋海域，特别是印尼、缅甸、马来西亚、菲律宾和澳大利亚等国低潮区附近的珊瑚礁，间或较浅的礁内较多。我国海南省和南海诸岛也有分布。肉可食。介壳略呈三角形，大者外壳直径可长达1米以上，大贝壳可制作贮水器等器物或用作贝雕原料。

制作。

如意的品类有珐琅质、木嵌镶质、木质、金质、玉质和沉香质等。作为工艺美术品的如意，明代已少见于官场，到清代时则多见于皇室。康熙年间如意成为皇上、后妃之玩物，以示吉祥如意、万事顺心之意。清代皇家还多有以如意作为赏赐王公大臣之物。民国时代常将如意作为贵重礼品馈赠亲友，表达“称心如意”之意。

到了清代，宝石用在“权力象征”上演绎出一种特殊的文化意义——顶戴与朝珠。戏文里常说“摘去顶戴花翎”，就是削职罢官之意；说明这顶戴和花翎是文武官员职级高低的象征。顶戴是官帽顶部的装饰，花翎是清代武将帽子上的雉尾。清代的官衔礼制中规定：一品官员顶戴为东珠，上镶红宝石；二品官员顶戴饰小红宝石，上嵌镂花珊瑚；三品顶饰小红宝石，上镶蓝宝石；四品顶戴上饰小蓝宝石，上镶青金石；五品顶戴为小蓝宝石，上嵌水晶；六品顶饰小蓝宝石，上嵌砗磲；七品饰小水晶，上嵌素金；八

中国古代官场最为常见的玉如意（牟磊　摄）

树下那块方形的深色石头便是拜官石；当时有人用绳子拦起来，为的是不让人家再去拜官了，况且濒临悬崖，“拜官”者颇具风险（倪集众　摄）

品顶戴为阴文镂花金顶无饰；九品顶戴为阳文镂花金顶无饰。朝珠是自皇上以下任何文武官员都要佩带的。朝珠有红宝石、蓝宝石、翡翠、珊瑚、青金石、绿松石、玛瑙、珍珠，也有玻璃、沉香等所制作。官衔高低以朝珠的质量、大小、串珠长短相区别。官职高者朝珠自然质量好颗粒大，串珠长度也长；串珠长的高官在觐见皇上时，叩头弯腰就不用太低，以显示某种特权；这真是清王朝严格而奇特的“官场文化”。

说起来石头还真与“官”有点“缘分”。埃及埋在金字塔中的法老们大多是以石棺材为灵柩，大概是不易腐烂和不好被盗墓的缘故；这“官”与“棺”也只有多个“木”旁而已。这样一来弄得有人就去拜石以求官。浙江奉化溪口就有这样一块“拜官石”。

佛教与宝石文化

宝石和玉石对世界各种宗教来说都有着举足轻重的意义，而对佛教文化来说，宝石更有一层象征性的意义。

佛身上挂的佛珠串、敦煌佛像的西方净土极乐世界中菩萨佩挂的都是珠宝，手里拿的念珠也是宝石所制，和尚的袈裟上缝有珠宝，供台上摆的是各式珠宝。许多大型的佛像雕塑的底座上常常镶嵌有宝石。几乎所有的佛寺、庙宇都少不了珍珠、玛瑙、红宝石、蓝宝石和翡翠等珠宝为其增光添彩。据说唐代文成公主进藏时就带了大量的绿松石，以供装饰西藏的佛像。

古代的佛教文物中，多以黑曜石为镇宅之宝，或作为圣物和佛像的避邪物，也是当前供奉在佛像面前的首选避邪物。有趣的是，作为佛家辟邪挡煞用时，习惯须佩戴 14 颗黑曜石佛珠；“十四”在佛教中有着“大无畏”精神的含义。

西方的宗教文化也很看重宝石的文化含义。《圣经》的十二基石就表明他们十分器重宝石的智慧与吉祥的象征性意义。基督教视红宝石的一个变种——空晶石为“基督石”。空晶石中有一条贯穿柱体的十字形暗色包裹体，正好像黑色的十字架，常常被用来制作黑十字佩件。相传这黑十字是耶稣蒙难时圣女们落下的眼泪凝聚而成。佩带黑十字就象征着“主与你永在”，主会帮助你驱除邪恶，赐予你智慧和力量。在中世纪的欧洲，琥珀还被广泛用来制作宗教祈祷用的念珠和耶稣受难像。

园林石文化和景观石文化

与观赏石的定义相比较，园林石与观赏石相同的是天然性、观赏性、科学价值、经济价值和石质艺术品；几乎唯一的差别就在“体量”上：园林石比观赏石的体量要大得多。但具体以多大的体量为界，恐怕也很难说。一般观赏石以能够进入斋室为宜，且大多以“手握”为主，限制于小型甚或微型的石头。至于景观石的体量，应该比园林石要大得多，如果说园林石多为中小型的话，景观石则是大型或巨型者。我们从古人所说的“山无石不奇，水无石不清，园无石不秀，室无石不雅”的话中，可以体味出不同体量石头的观赏价值。但是，不论是大型和巨型的景观石，或者中小型的园林石，还是小型、微

型的观赏石，赏石活动都能使人“赏石清心，赏石怡人，赏石益智，赏石陶情，赏石长寿”，它们的作用是一致的。

园林石的历史功绩

从观赏石的发展历史看，不论是玩赏美石的“始祖”时期——魏晋南北朝，或是一直到唐宋、明清，文人雅士玩得最早最多的石头，从体量上看实际上都在园林石的范畴，最先作为观赏石的陶渊明的“醉石”，其体量应该属于景观石。

随着社会经济的进步，出现了早期的园林——园圃；赏石文化首先在造园实践中得到发展。秦始皇的阿房宫和汉代的上林苑中都有颇多的园林石。即使在战乱不休的东汉、三国、魏晋南北朝时期，达官贵人的深宅大院和宫观寺院都有意摆置石头以造景。大将军梁冀的“梁园”和许多私人宅苑也收罗了大量奇峰怪石。南朝建康同泰寺前的三块景石，还被赐以三品职衔，俗称“三品石”。古籍记载，南齐文惠太子的建康“玄圃”中“楼、观、塔、寺，多聚异石，妙极山水”。山东临朐北齐魏天宝元年（550年）威烈将军墓葬中有多幅“竹林七贤”人物和奇峰怪石的壁画。可见，中国雅石文化早在二世纪中叶的东汉便流行于上层社会，到五六世纪的南朝时已具相当的水平。

宋代的“花石纲”所收罗的无疑也是园林石。明清两代是雅石文化的全盛时期，中国古典园林从实践到理论，都已臻成熟。于是，人们开始为园林著书立传；明代著名造园大师计成的《园冶》，被誉为园林建筑的“开山之作”。其后，王象晋、李渔、文震亨、曹昭和张应文分别著有《群芳谱》《闲情偶记》《长物志》《新增格古要论·异石论》和《清秘藏·论异石》，都从理论上和实践上探讨了园林石文化，精辟地论述了园林堆山叠石的原则。《长物志》中所说的“一峰则太华千寻，一勺则江湖万里”，迄今仍是“小中见大”的典范。从园林文化和园林建筑的实践中，精辟地总结出中国传统赏石文化的“园无石不秀”至理名言。这应该是园林石文化对园林文化和雅石文化的一大贡献。

园林石文化的第二大贡献表现在实际的观赏和鉴赏过程。

中国古代奇石的“皱、透、漏、瘦、丑”鉴赏标准源于四大名石之一的太湖石。而名牌园林石几乎都与太湖石为同种原岩所形成，灵璧石如是，英石也不例外；颐和园乐寿堂前院那方雄伟挺拔、气势千秋，宛如一座大型艺术雕塑的“青芝岫”的原岩也是石灰岩。可以说，是太湖石之类的奇石树立了园林石的主打品牌，而鉴别和鉴赏园林石的“皱、透、漏、瘦、丑”之标准，也成了中国传统赏石文化的圭臬。即使到了现代，无论是北京大观园的怡红院、潇湘馆，还是上海、深圳、苏州、哈尔滨、沈阳和山东费县等地景点的园林石，无不是太湖石及其“同类”。当然，并不是说园林石是太湖石“一统天下”。目前，一些泥质砂岩、含砾砂岩和杂砂岩甚或泰山石、雪浪石也逐渐成为异军突起的园林石。

济南市某小区门口的泰山石（倪集众　摄）

关于太湖石“皱、透、漏、瘦、丑”的鉴赏分析，已经有众多方家做过精辟而详尽的论述，他们都从原岩的性质论证了“石灰岩最容易被水溶蚀”的道理，本书不再赘言，只是对最难理解的“丑”字谈谈一点肤浅的认识。

说起“丑”，读者一定会想到，既然奇石有“奇丑”，又如何说太湖石、灵璧石有“大美”呢？笔者以为，美与丑本来就是一对矛盾的两个方面。米芾说过“丑到极致便是美”。刘熙载在《艺概》中也认为“怪石以丑为美，丑到极处，便是美到极处”。奇石的这种“丑到极致便是美”的审美观是一种矛盾的统一；因为石头外形之“丑”与人类社会的精神美无缘，更无涉人的心灵美。即使对人类自身的美，也有“萝卜白菜，各有所爱”的选择自由。太平洋中的汤加王国的居民就逆当代大多数人的瘦身时尚之潮流，认为胖到极致才是美，国王陶法阿毫四世以体重 200 公斤作出榜样。无独有偶，非洲的毛里塔尼亚人也不甘苗条，努力争“胖”争美。

看来还是有人赞赏当年中国唐人的观点的。这些观点和想法孰是孰非，孰优孰劣，只能说是一种见仁见智的选择罢了。

园林文化中的假山

中国园林是一种自然式的山水园林，以追求天然之趣为基本特征。掇石叠山被列为造园的第一要素。

专家考证，园林中以石造假山萌于晋代，而发源于秦汉。当时的假山是从“筑土为山”到“构石为山”。到了唐宋时期，园林中建造假山之风大盛，出现了专门堆筑假山的能工巧匠。宋徽宗时期大兴“花石纲”，搜罗江南奇花异石在汴京大造园林，便是建造假山的典型。自此，民间宅园纷纷效法，赏石造山大行其道。明清两代又把建造假山的技艺引向“一卷代山，一勺代水”的水平。不少人还总结出前人建造假山的经验，为之著书立说，出版了《园冶》（计成）、《长物志》（文震亨）和《闲情偶寄》（李渔）等好几本治园理论和实践的著作，使假山艺术日臻完善。现存的假山名园有苏州的环秀山庄、上海的豫园、南京的瞻园、扬州的个园、北京的静心斋和静谷等，都成了人们休憩和旅游的胜地。

叠石造山是以真石假山的堆叠技法创造出的一门独特艺术，深刻地体现了自身的艺术审美特点及与其他山水造型艺术的互通性和自律性。

中国园林中有分别以石或土互为主辅的两种假山，但目的只有一个：“有真为假，做假成真”。制作假山的艺术家认为，真山虽好，却难得经常游览；园林或宅院中的假山，作为比真山更加概括、更为精炼的艺术品，可寓以人的思想感情，使之显示“片山有致，寸石生情”的艺术魅力：似真非真，虽假犹真，岂不更加耐人寻味？宋代画家郭熙曾经说过：“山有三远。自山下而仰山巅谓之高远，自山前而窥山后谓之深远，自近山而望远山谓之平远。”在自然界恐怕很难找到这样具有“三远”兼顾的山峦态势；但是，画家可以画出这样的山，假山艺术家可以“制作”这样远观有“势”、近看有“质”、到了山前有“实”（石）的山势。既能这样做到如诗如画的美景，何乐而不为呢！看来，这可以说明“真山易见，假山难造”的道理。

中国园林中假山所用的叠山石，最有名的当数湖石类的太湖石，以产于太湖洞庭山消夏湾者为最优；苏州环秀山庄的假山即为湖石所叠成。其次是黄石，以常州黄山所产者最佳，苏州耦园的假山即为黄石所叠垒。上海秋霞圃里的假山，据笔者考察，也是由灰色的太湖石和黄色的黄石（实际上是江浙一带最为常见的火山岩）所叠成。

随着石文化产业的兴起和发展，我国现代园林石逐渐走出园林，而到了大街上；现今在不少大中小城镇都能看到石头“上街”作为街饰的现象。北京阜成门桥头就有一方石头的街饰。笔者有幸走访过上海嘉定区的街道，王贵生先生给我指点了许多园林石作为街饰的现场，深感石文化已经深入现代人的生活环境，映衬出浓浓的文化气息。

上图为上海秋霞圃中的假山；下图为广州宝墨园中的假山（倪集众 摄）

上海嘉定区政和路旁一只灵璧石“雄狮”（倪集众 摄）

有趣的是园林中的假山绝非中国独有，外国的园林中也常常置有假山。古代的亚述人就喜用人工造小丘和台地，再在其上建筑宫殿或神庙。日本人也很喜欢在园林中建造假山。欧洲一些国家在植物园和动物园中开辟的岩生植物园和兽山，用岩石和土壤创造岩生植物的生长条件，或作为动物的活动场所。这就把石文化、山文化、水文化、土文化与艺术有机地结合起来，为建筑、游览和会展服务。

景观石促成了旅游业的兴旺

景观石是山上奇形怪状的巉岩，它们的形体巨大，与整个山体连在一起，而自身又以或逼真、或某种似是而非的形状突显自己的特点。它与观赏石和园林石最大的区别在于，它的体量巨大，无人可以予以收藏，只能由自然界自己来“展览”了。

为什么这些深藏于深山大泽的景观石能扬名于五湖四海？就是因为它们是山水风景中的骨干。试想一下，如果溶洞里尽是一些小个子的石柱、石笋，就看不出洞穴的壮丽，如今有了像贵州九龙洞中这个巨大的“水母”，溶洞就显得宽敞了许多；如果黄山没有奇松怪石，没有那巨大的飞来峰，可能游客就会少了一大半；如果华山没有那块劈山救母石及其神话般的传说故事，会有人愿意攀山崖、过险道去“朝圣”吗？

所以说，山上的石头都是宝，就看你会不会开发利用，看你能不能以

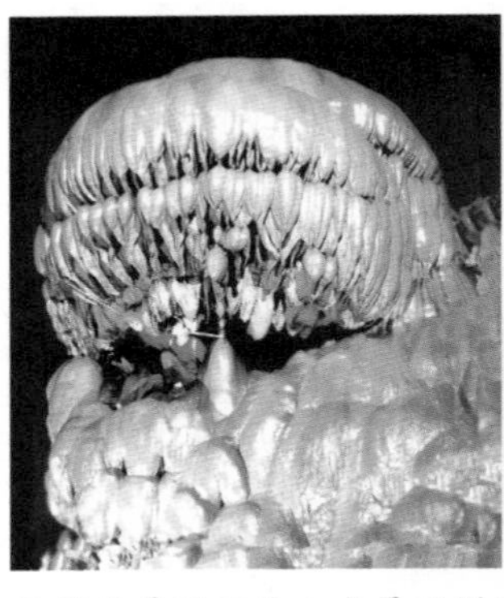

巨型的景观石为山水景致增添了无限风光。左：贵州九龙洞中的巨大帽状滴石组合。高 9 米，围长 27 米（金德明　摄）；右：黄山飞来峰，又名飞来石。高十余米，重数十吨。古人诗曰：“何处飞来不可踪，岩阶面面白云封。想伊也爱黄山好，来为黄山添一峰。”（麻少玉　摄）

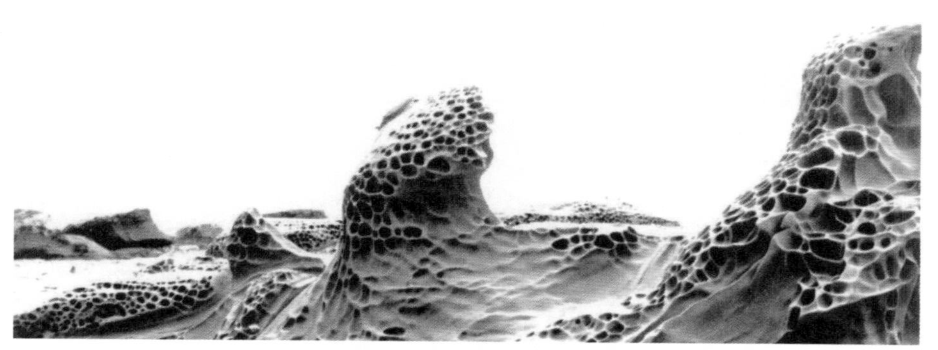

台湾西海岸玄武岩经海蚀后形成的巨大景观石（余孝颖　摄）

科学和艺术的眼光去探究它，欣赏它，读懂山、石、水、土的文化，挖掘和探觅它们的科学和艺术内涵。进入二十一世纪以来，国家从政策层面上建立了百余个国家地质公园，其目的就是要挖掘山、石、水、土的文化内涵，作为提高全民科学素质、构建人与自然和谐的长效机制，为全面创建和谐社会作出贡献。

石文化的特质

一个国家的实力是硬实力与软实力的总和。硬实力表现为国家的经济、科技和军事实力的强弱;而属于文化范畴的软实力,则更多地体现在民族的凝聚力、历史的延续力、理论的说服力、道德的感召力和语言的覆盖力,以及国家的创新力、科技的转化能力和外交的亲和力。

一个国家或强或弱,文化的软实力是万万不可或缺的。

文化是人类精神理念和物质生活方式的总称。精神理念表现在人的世界观、人生观和地球观上；物质生活方式则是指人与自然界之间的相互作用过程，反映在生产和生活之中。

石头不仅为人类提供过很多很多生活和生产的必需品，还关系到人类生存的环境，影响着人类大脑的发育、思维的发生与发展，关系到文化艺术的发展。因此石文化与山文化、水文化、土文化等自然科学文化形态一起，成为自然科学家和人文科学家共同研究的一种当代文化。

研究石文化就是探讨人类与石头的关系：包括利用和认识石头的一切知识和所采用的手段。需要了解和分析人类是什么时候、以什么样的方式利用石头的，对石头的认识是怎样从外表的形状、形态和组合到物理性质（硬度、产出形态、剥离状况），再到化学性质（化学成分和矿物成分）的，然后探讨这些认识和利用方式对人类的生活质量、生产发展，以及对由此促成的社会进步的影响力。

石头的文化属性

石文化是地球科学文化的一个重要组成部分，它在长期的发展历史中形成了自己独有的文化特质。它既是自然文化遗产的一部分，就会有一切自然科学文化形态所应有的文化属性和相应的文化内涵。

第一，石文化与一切自然文化遗产一样，是自然历史的积淀，是地球数十亿年间在自然环境下的遗存。第二，与每种事物都有自己的特性一样，石文化也有自己与众不同的性质，突出地表现为它的美是一种发现美，欣赏石文化美的时候，必然有一个发现美和创造美的过程。第三，石文化具有雅俗共赏的文化特质。

石文化是自然历史的积淀

先看看石文化自身的内涵。

在地球存在的数十亿年间，从“混沌”之初的星云碰撞、聚散、离合，到地球内部分异、分层和地壳固结，地球表面不知经历了多少次沧海桑田的巨变。从太古代和元古代地球接受地外物体的巨量轰击和地球自身剧烈的火山喷发，到中生代后板块运动的启动；从地球自身演化过程中诞生生命的“种子”，或者彗星（或陨石）给地球带来生命的基本物质，再到寒武纪生命大爆发，然后生物从海洋登陆，从无脊椎动物到脊椎动物，恐龙称霸全球，到哺乳动物的出现，一直到人类的出现，不知有多少生物从发生、发育、发展走向灭绝，又从新生、发生、发育到发展……所有这些地球内部和表部的变化，都给我们留下了数不清的自然遗产。地球把岩浆活动生成的岩石、构造运动的形迹、生物演绎的痕迹，以及风化—搬运—沉积作用的产物，统统存留和保存在石头之中，以石文化的形式构成了自然文化遗产。

地球数十亿年间写就的这部史诗的“字符”分散在世界各地的石头中，等待着人们去发掘，去解读，去判识。石头里的这些“记录”使我们有机会了解地球的过去，探索地球的未来。我国发现的几处大型化石点最能说明这个问题，生物的发生、发育和发展就是地球历史的忠实记录。贵州瓮安震旦纪地层中动物胚胎化石及幼虫和成体化石的发现，使我们获知5.8亿年前的瓮安动物群。这一发现将动物世界的历史往前推到寒武纪之前4000万年，成为照耀在地球上的第一缕动物世界“黎明的曙光”。不久，这缕曙光在云南澄江表现为寒武纪生命大爆发的记录：澄江帽天山的地层完整地保存了包括海绵、腔肠、蠕形、节肢、叶足、鳃曳、多孔和腕足等40多个动物类群、120个属种的化石。这些化石表明，当时的动物界几乎包含了现今所有的动物门类。两三亿年之后的贵州关岭晚三叠统海生动物群（鱼类、鱼龙类和海龙类，以及海百合和菊石等），代表了中国大陆基本成陆之后，唯一留在西南地区的海相生物群的发育状况。而辽宁朝阳—北票地区的侏罗纪—白垩纪地层中的苔藓类、被子植物、腹足类、昆虫、两栖类，以及恐龙、鸟类和哺乳类等20多个门类的化石，代表了亚洲东部中生代晚期的陆相动植物概貌，并找到了地球上最早的被子植物，以及恐龙是怎样“飞”起来向着鸟类发展的证据。结合山东临朐山旺—解家河地区的古近系与新近系（距今6500万至250万年）的大量动物、植物化石，还能告诉我们这个地区的动植物发育史和湖泊发育史。

以上几处化石点虽然只是中国大陆地壳和生物发展史的几个“断面”，但这些化石多姿多彩、栩栩如生，不仅留下了生物发展的历史证据，还有十分重要的科学意义和观赏价值，成为石文化中赏石文化的一朵奇葩。

岩石类观赏石中的造型石和图纹石，虽然不像化石那样能够“保留原状”，却留下了后期构造运动和风化作用改造岩石的痕迹，如实地记录下了外动力地质作用的证据。

也许有人会说，上述化石点只是证明石文化的科学性和科学意义。这句话确实是说对了，因为科学本身就是文化的一个组成部分，也只有从科学的角度入手，才能阐明这些“积淀”是符合自然规律的，是有科学道理的。

石头是自然界鬼斧神工之作，是大自然赠予人类的礼物；它蕴藏着丰富的矿产资源，也蕴涵有无穷的知识和美感。老子在《道德经》中说“道莫之命而常自然”，是说“道”是自然的，不可名状的。他提倡一种“大音希声”“大象无形”的自然全美境界。庄子说在“人籁”“地籁”和“天籁”的三种声音中，最美的是自生的、自然的“天籁”。法国雕塑大师罗丹也说:“自然美，美得自然。”所以说，石头之所以美，就在于它采天地之灵气，孕日月之精华，抱朴守真，养自然之禀性，妙趣天成，给人自然、真实和质朴的享受。

有人说：石头像一面镜子，映出了人生的哲理；石头像一注清泉，奏出了生命的乐章；石头像一道彩虹，绘出了生活的图画；石头像一首脍炙人口的小诗，为生活锦上添花；石头像一泓瀑布，宣泄着奋斗的威勇；石头是一部史书，谱写着地球数十亿年来百折不挠的发展经历。这些话不愧是对石头最准确、最理性的总结。

石文化是一种发现文化

研究石文化必须经历发现美和创造美两个过程。前一个过程要挖掘石头自身“与生俱来”的文化内涵；在创造过程中要将石头作为文化的载体，创造和体验出一种精神的意念。只有这两个过程紧密结合，才算完成一个完整的过程，才能透析石文化的全部内涵。

我们研究石文化不是为了文化而文化，而是为了探索自然界的美，探讨人与自然界的关系；挖掘自然界本来就存在的美，然后融入人文思想，使之成为文化的一部分，也以此提高我们的文化素养，增添生活美的情趣，提高生活质量。所以说，赏石文化的发掘与鉴赏过程是发现文化的经典事例。

人在这种发现文化中是处于自主的创新地位。石文化既然是一种发现文化，自然是经过了一个从天然的石头—发现—创造的过程，才能使之成为一种文化；在这个过程中，人始终处于创新者的地位。

以玉文化为例。因为天然存在玉之美和玉之纯洁，才有了孔子的“君子比德于玉”，然后由玉的“温润而泽”和“瑕不掩瑜”的品格，成为中国古代君子为人处世的标准，有了延续了数千年“君子无故玉不去身”的佩玉之风。

自孔子提出以玉比德之后，不少人专心致志地研究玉的“品德”，玉有了“九德”“十一德”和“六美”，最后到东汉，许慎将其归纳为“五德”。在这个过程中，人完全处于一种创新的地位。有了这种提高到哲学高度的概括和总结，才有中国传统文化中根深蒂固的爱玉和藏玉思想和习惯。这个过程是经过多少人的探索、研究，吸收了多少人的智慧，融入了宗教观念与美学思想才能完成的。其中，文人通过诗、词、书法、小说、散文、绘画和戏曲传达自己的心得体会，艺术家通过舞蹈、戏剧、园林、美术和歌曲来表达自己的创作意境，借助独具匠心的艺术手法熔炼出情景交融、虚实统一的艺术境界，使以石头为主的审美主体超越感性认识，进入无比广阔的空间艺术意境。这既传述了文化的魅力，也导出了创新思想和创新“产品”的重要性。这种魅力还以极强的亲和力和传承性渗透、延续、融入民族文化、民俗文化、宗教文化、官场文化和丧葬文化。石文化这种巨大的亲和力和传承性，似乎再难以在其他文化形态中见到；可以说，石文化的这种魅力在所有文化形态中几乎是独一无二的。

雅俗共赏的文化特征

当代石界已达成了共识：石文化是一种雅俗共赏的文化形态。这是社会进步发展的使然，也是人民大众生活水平和科学文化素质提高之必然。上文已经讲到，玉文化已经成为中国人心目中不解的情结，不仅玉的情结

已经深深地嵌入了中国人的意识之中，而且几乎所有与石头有关的文化形态，包括玉石、观赏石、宝石、园林石和景观石，以及石材、板材、装饰板及其人工制造、加工、雕刻的所有石头，都已成为人们采集、收藏、交易和研究的对象，它的天然和人工产品都已成为老少咸宜、雅俗共赏的对象，深深地渗透进入了现代人的物质和文化生活之中。

雅俗共赏是指雅俗相融，雅俗相济，老少咸宜，相得益彰。

“雅”是说它是一种高雅的文化形态。试问，哪一个公园没有园林石？哪一座花园没有怪崖？古人说的“园无石不秀”的道理就在于此，“秀”既指天然的秀丽，也包括游园者心理上的清新和秀逸。同样，“斋无石不雅”是指客厅里、书斋中，人们总喜欢摆上几颗山溪中拣拾来的石子，哪怕它不一定有完好的造型，也不一定似“花”有“鱼”，几颗石子就能透出主人的几分书卷气和秀气；如果再有几颗意境深远、画面清幽的观赏石，或蕴“崇山峻岭”，或显“日月星辰”，或有“田园风光”，那真的会给斋室增添几分雅气。一幅海百合的条屏“接天莲叶无穷碧，映日荷花别样红”，将顿使书房蓬荜生辉。所以，“雅”是对观赏石高层次的审美，是揭示奇石中蕴涵的深层次的美——诗情画意的注释，是对观赏石美的理性认识。因此要求审美的结果有情景交融和形神兼备的效果。雅石的美是各种地质作用的巧合，是天成地造的艺术品，因此不能也不必要求达到尽善尽美的程度，只要能遵循“似”的原则，能够体验出它的神韵，即为雅。

中国传统文化在欣赏雅石时，与绘作和鉴赏山水画一样，最讲究“意境”。因为意境是中国哲学在艺术领域的体现。老子关于“道可道，非常道；名可名，非常名”的论述，就是强调艺术之妙、艺术之美、艺术之最高境界，就在于以可道之言、可名之物、可象之形来表达自然界的不可道、不可名、不可形的“道”。这就是意境；有了意境，才谈得上“雅”。

“俗”不是说它俗气，而是说它通俗、贴近生活。不管是刚上小学的稚童还是耄耋老翁，只要有心，不管是山间的小路上还是河滩中，总能找到几块奇形怪状、五颜六色的石头，进了吧柜，入了瓷钵，就是雅石。说起来也很简单，石文化的确很高雅，却也很能贴近人的生活；没有什么神秘，没有人规定这“美”和“雅”是什么人的专利。“俗”也指入门阶段感性认识的观赏特征。因为“俗”本身也是一种美。“俗”即形似也！这种天然的美能满足人的猎奇、好奇的审美心理，令人产生惊叹之余的愉悦。形愈似愈俗，也愈能激发起持久的美感，获得更多人的共鸣，这是只有“俗”才能有的效果。所以赏石时不能忽略“俗”之美，因为它能引发更多的人对“美”激情的共振。虽然这是一种较浅层次的心理活动和美感的反映，但它有广泛而坚实的基础，所以它较之“雅”有自己特有的优越之处。

归纳起来，雅石的“雅”之美所观赏的对象是意象，即以神似的原则所寓意的美，通过含蓄的方式，激发深层次的理性；追求的是艺术美，达到的效果是“赏心”。“俗”则是观赏雅石的形象，即以形似的原则所寓意的美，通过直观的方式，激发较浅层次的感性，追求的是形式美，达到的效果是“悦目”。由“悦目”达到“赏心”就是完成了一个从低层次向高层次延续的完整的心理过程。

这样看来，“雅”和“俗”一内一外，一深一浅，一感性一理性，但追求心理上的满足，提高审美能力的目的是一致的，是相辅相成的，因而是相得益彰的。

“雅”和“俗”还是对立统一的一对矛盾。因为只有认识了雅石外在的形、质、色、纹所表达的“俗”之美，才能深刻体会所蕴含的内在“雅”之美，否则只是附庸风雅而已；反过来，如果只是停留在外表的美，那就实在是太“俗”了。所以“雅”与“俗”是一致的，是能够互相转化的。如果撇开“俗”而单纯追求“雅”，难免陷入名不副实的俗套；而如果只见“俗”而不求“雅”，则失去了意境，达不到赏心悦目的目的。

有人认为，欧美人士喜欢收藏矿物晶体、宝石、化石和陨石，侧重悦目的审美目的，而东方石友则追求意境美的深化，讲求赏心的效果。这种分析对各自收藏对象来说似乎没有破绽，但仔细分析还是有所偏颇之处。因为欧美人士的收藏并不只是侧重悦目的审美目的，实际上他们是非常重视这些矿物晶体、化石和陨石的科学美之所在；而说东方石友“讲求赏心的效果”未免过头了点，因为中国传统文化中对科学美的探索和挖掘，还有很多可以而且应该深入之处。如果东西方的石文化能够多多地交流，都能做到既不鄙薄己见，也不崇洋媚外，都能“借他山之石以攻玉”，那就能“互通有无”，共同前进了。

不言而喻，石文化中所蕴含的哲理需要大家从美学和科学的角度才能揭示，赏石者才能真正得到自然美、艺术美和科学美的享受，真正达到既悦目又赏心的目的。

中西合璧　共赏雅石

文化是人类一切生产、生活和精神活动及其结果的总和，是国家软实力重要的组成部分之一。政治、外交、意识形态和价值体系是文化，语言、哲学、艺术、宗教是文化，风俗、服饰、饮食和丧葬同样是文化。文化无所不包，渗透在人类行为的方方面面和点点滴滴之中。文化也是一定要讲共性和普世价值的。中华民族文化的核心价值在相当长的历史时期中被许多国家和民族所接受，是一种不仅有其个性更是有共性的文化。

中国是世界上唯一不曾中断过自己的传统而保持了历史延续性的国度。文化就是得靠传承才能延续下来。不能延续的文化只能说是湮没了的文化，只能成为一个文化之“谜”；有了文化的传承，才有了历史的发展和繁衍。中国文化之所以五千年而不衰，能发扬光大迄今，就是因为具有极大的包容性，才充满了生机和活力，在与外来文化的交流和沟通中得到传承和发扬光大。

由于文化的差异，不同国家、不同民族的石文化在理念、指导思想、观赏主体、观赏追求和结果，以至参与群体诸方面都大相径庭。

先来看一看以中国石文化为代表的东方石文化的特色。

石文化是中国最早的文化形态之一，是封建社会士大夫阶级提倡的一种感性内省的文化活动。在五千年的历史中，中国石文化成为建筑文化、宗教文化、丧葬文化和民俗文化的坚实载体，使包括玉和宝石在内的石玉、石刻、石雕、玉器、玉雕、石碑、陶瓷、石堤、石桥、编磬等有机地融合在一起，使之不仅有石之经久耐用的实用价值，也成为有石之挺拔、圆润而光洁的艺术价值。为什么能做到这一点？就是因为中国的石文化融入了哲学、道德、礼乐，融入了民族的图腾——龙凤崇拜；特别是到了近代和现代，几乎进入了文化生活的各个领域，形成了独具特色的、融哲学内涵、艺术魅力与实用价值于一炉的中国石文化。它的演绎和发展，促进了健身文化、中医药文化、宗教文化、民俗文化和丧葬文化的延续和发展。

中国石文化所观赏的主体丰富多彩，无论是矿物、岩石还是化石，都在观赏者的兴趣范围之内。中国的文人很早就为他们所赞赏的石头树碑立传；在欣赏的过程中，都注重其哲理和人文内涵，重视石文化的理念，富有人格化的感情色彩。所缺乏的是没有一套系统的理论和方法，鉴赏过程中常常是见仁见智，因人而异。

如果用一句话来概括，那就是：东方石文化是中华民族传统文化（感情、哲理、信念和价值观）在石头领域中的反映与延拓。

西方石文化虽然在相当的新石器时代也开始了萌芽时期，但成长的过程甚为缓慢，基本上没有成为一种文化形态；真正带有观赏性石文化的出现，不过两三百年的时间，那已经是资本主义工业发展的时代。那时候为了适应对内发展工业生产，向外扩张领土、掠夺资源的需求，在开山修路、找矿、冶炼中发展了地质学、矿物学、岩石学和古生物学，建立了这些学科的基础理论。在这个过程中，相应各学科的学者及其标本爱好者有了一些理性化的标本收藏活动；一直到百余年前，欧美国家才出现一些从欣赏角度进入石文化领域的先驱人物。

东西方雅石文化的异同

项　　目	东方雅石文化	西方雅石文化
时　　间	距今 1000 多年	十六世纪文艺复兴之后
指导思想	儒家思想；也受到诸子百家特别是老庄思想的影响	新兴的地质科学，特别是以矿物学、岩石学、古生物学和陨石学的基础理论为指导
观 赏 者	士大夫和文人雅士；现代已相当平民化	地球科学家和相应学科的标本爱好者
观赏主体	以狭义的奇石（园林石、造型石和图纹石）为主，偶有少量矿物晶体石和化石；现代已扩大到诸多石种	基本局限于矿物晶体石、化石和陨石的标本
追　　求	注重哲理和人文内涵，富有理念和人格化的感情色彩。追求外观在头脑中的反映；一般不寻求“为什么”	科学的方法和科学思维，探索“为什么”“从哪里来”和“科学美”等深层次的科学内涵
结　　果	为中华民族传统文化的情感、哲理、信念和价值观在雅石领域中的反映与延拓。常因欣赏者的学识、年龄、经历、民族、政治地位和生活状况而异	注重科学和历史的内涵，重视明确的科学理念，遵循严格的科学规律和理论法则，是地球科学知识在有关石种中的展示和印证

可以说，西方石文化更多的是注重石头的科学和历史内涵；有比较直观、明确的科学理念。观赏的主体以化石、矿物晶体和陨石为主，从而突出了地球科学知识在石文化中的展示和印证。

这些石文化理念的差异是历史和文化的不同所造成的。在全球经济一体化的今天，经济和文化的交流成为东西方和平发展的主流力量：孔子的哲学思想和教育思想为西方政治家和教育家所推崇，西方的先进科学技术思想也逐渐为中国人所接受，并有了自己的创新和发展。作为文化这一软实力组成部分的石文化，既然是全人类文化遗产的一部分，就应该通过交流融合和沟通，成为全人类的共同财富；文化鉴赏力的融合和提高将是二十一世纪的主流。

石文化的特质

每种文化都以相似的特质将一定含义的内容包含在一起，而成为一定的文化形态，同时以各自不同的特质而区别于其他类似形态的文化。很明显，石文化正是按照上述“规则”，将玉文化、(观)赏石文化、宝石文化、园林石文化和景观石文化这样一些带有观赏性的文化，以及泰山石文化、砚石文化、印章文化、碑碣文化和人造装饰石文化等包含在一起，作为一个大类的文化形态；同时将与它有一定联系却与之有较大区别的文化(如建筑文化、园林文化、敦煌文化、生肖文化、民俗文化、龙凤文化、民族文化、医药文化、宗教文化、村落文化和丧葬文化等)相区别。

从文化的角度分析，从石文化的整体性而言，其文化特质表现为：全球性、天然性、悠久性、科学性、观赏性、珍稀性、唯一性、奇特性、人文性、亲和性、可采性和商品性等。当然，这么多“性”不是石文化内涵都能体现的。为了叙述方便，将以上特质归纳为四大类。

第一，全球性、天然性、悠久性和科学性。表明它们是在全球类同的天然的地质作用下所形成。石头的形成和演化是遵循自然法则的，是符合科学道理的。悠久性一是表明它的形成历史悠久；目前世界上找到的最早的岩石，根据同位素年龄测定，年龄最大的已有 38 亿“岁”。二是说石文化的出现和发展，是“与人类的历史同行”的；它随着人类的出现而产生，随着数千年的文明发展而有着极其厚重的历史淀积，是最为悠久的文化形态之一。

第二，观赏性、珍稀性、唯一性和奇特性。这是石文化中那些具有观赏性的雅石所具备的一种重要特质。最大的“特”之处，是石头中的美是“与生俱来”的，是符合自然规律和科学规律的；因此派生出奇特性和珍稀性，使观赏石的美既有自然美的独特性，也符合科学美的共同法则。

在自然界，绝不可能有形状、纹理和品质完全相同的两块石头，美的石头也绝不是俯首可拾的。这就是观赏石的唯一性和稀缺性。这种唯一性和稀缺性形成了收藏性和雅俗共赏的特质；任何人都不能“克隆”或“临摹”出完全相同的第二颗来。

第三，人文性和亲和性。事实表明，石头是人类的语言、文字、文学，以及包括音乐、美术、书法、雕刻、绘画、印章在内的文化艺术的源泉，它以深厚的文化内涵对人类的其他文化形态有着巨大的亲和力，使石文化表现出广泛而深刻的政治、哲学和人生哲理。在中国数千年的文明史中，石文化与其他文化形态同行并蓄，相得益彰：它既是建筑文化、石刻文化、装饰文化、龙凤文化的载体，也促进了健身文化、宗教文化、民族文化、民俗文化、丧葬文化的延续和发展。

第四，可采性和商品性。石头的美和它们的唯一性和稀缺性促成了收藏性；有了收藏性，自然就有了交换和交易，这就产生了石头的商品性。

简要地说，石文化是一种具有多重特质的文化形态，这些特质表现为天然性、悠久性、包容性、观赏性与收藏性。